KB106914

붓다 마음의 뇌과학 시리즈 ❶

# 오온과 전오식

문일수 지음

# 五蘊과 前五識

프로로그 • 8

서언 • 19

제1장

마음과 뇌의 상관관계

1. 사람이 아닌 다른 생물에도 마음이 있을까? • 28

2. 심신문제[心身問題, mind-body problem] • 35

1) 속성이원론을 증명하는 임상사례 • 43

2) 속성이원론을 증명하는 실험들 • 46

3. 에릭 칸델 교수의 '마음과 뇌의 관계'에 대한 관점 • 52

4. 신경회로와 마음의 창발 • 62

1) 전체는 부분의 합보다 크다 • 62

2) 신경세포들은 모여서 신경회로를 이루고 신경회로는 마음을 창발한다 • 64

3) 뇌신경회로의 활동은 운동이나 정신활동(마음)으로 나타난다 • 66

4) 자연에서 보는 창발의 예: 흰개미가 짓는 둔덕 • 71

5. 초기불교에서 보는 마음 • 76
1) 육식(六識)과 오온(五蘊)은 마음의 창발과정에 대한 고타마의 속성이원론적 통찰이다 • 76
2) 초기불교에서는 心·意·識을 동의어로 이해했다 • 78
3) 心·意·識의 뇌과학 • 81

## 제2장
# 五蘊의 뇌과학

1. 오온(五蘊)이란? • 85
1) '나'라는 존재는 '오온(五蘊)'으로 이루어진다 • 85
(1) 색온(色蘊) • 91
(2) 수온(受蘊) • 92
① 受蘊의 뇌과학 • 94
② 受蘊의 뇌신호 전달 과정 • 96
(3) 상온(想蘊) • 105
① 상온(想蘊)의 뇌과학 • 109
② 상온을 잘 설명하는 그림 • 112

(4) 행온(行蘊) • 114
① 行蘊의 뇌과학 • 116
② 行蘊을 보여주는 뇌활성 • 118
(5) 식온(識蘊) • 124
① 식온의 뇌과학 • 127
② 의근에 의한 마음의 통합 • 129

2. 왜 붓다는 '나는 五蘊이다'라고 하였을까? • 134
1) 오온은 괴로움에서 벗어나는 붓다의 통찰이다 • 134
2) 五蘊은 心身問題를 속성이원론으로 본 것이다 • 137
3) 불교의 인간 중심 세계관 • 138

3. 붓다의 깨달음: 12연기(緣起)과 사성제(四聖諦) • 139
1) 붓다의 깨달음 과정 • 142
2) 초기불교에서 보는 마음과 존재의 상관관계 • 144

제3장

# 前五根과 前五識의 뇌과학


1. 십이처(十二處) · 십팔계(十八界) • 151

1) 십이처는 육경(六境)과 육근(六根)을 말한다 • 151

2) 十八界: 十二處에 '의식작용인 六識'이 합한 것이다 • 152

3) 意識은 前五識까지 통합하여 마음을 생성한다 • 153

2. 前五識의 뇌과학 • 157

1) 前五根은 물리적 에너지를 전기에너지인 활동전위로 바꾸는 변환기이다 • 158

2) 안근(眼根)과 안식(眼識)의 뇌과학 • 160

3) 이근(耳根)과 이식(耳識)의 뇌과학 • 173

4) 비근(鼻根)과 비식(鼻識)의 뇌과학 • 182

5) 설근(舌根)과 설식(舌識)의 뇌과학 • 191

6) 신근(身根)과 신식(身識)의 뇌과학 • 198

에필로그 • 214

그림출처 • 233

# 프롤로그

붓다의 마음을 공부하는 이유는 괴로움의 원인을 이해하고 괴로움에서 벗어나 평온한 마음을 갖기 위해서이다. 붓다는 그것을 깨달아 '깨달은 자[붓다]'가 되었기 때문이다. 삶은 즐거움과 괴로움 그리고 긴 무덤덤함의 연속이다. 대부분의 경우 즐거움은 자주 오지 않고 그것도 잠깐이다. 하지만 괴로움은 자주 오지는 않는다고 하더라도 한 번 오면 대개 길게 지속된다. 문제는 즐거움은 우리가 스스로 힘겹게 만들지만 괴로움은 원하지 않는데도 찾아온다는 것이다.

1. 三毒 : 貪(탐, 욕심)· 瞋(진, 화)· 痴(치, 어리석음)

왜 괴로움은 스스로 찾아올까? 우리의 뇌가 본질적으로 그렇게 만들어져 있기 때문이다. 그것은 뇌과학적 사실이다. 이 사실을 그 옛날에 붓다가 알았을 리 없다. 붓다 당시대의 사람들 가운데 뇌의 기능을 아는 사람은 없었다. 지금부터 2,500여 년 전의 일이다. 마음이 어디에서 오는지도 모르던 때였다. 붓다도 뇌에 대하여 특별히 교설하지 않았다. 그런데 붓다가 통찰한 괴로움의 원인과 해결책은 철저하게 뇌과학적 사실이다. 이 책을 집필하게 된 이유이다.

'세상이 그렇게 되기를 원하는 것'과 '실제로 세상에 일어나는 것'의 차이가 나의 괴로움을 만드는 근원이다. 살아있는 한 괴로움의 근원을 피할 수 없다. 세상은 내가 원하는 대로 되지 않기 때문이다. '그렇게 되기를 원하는 것'은 나의 욕심이며 망상이다. 이는 결국 나의 잘못된 '자아' 이며 오염된 '마음' 이다. 절대로 세상은 오염된 마음이 원하는 대로 되지 않는다. 여기에서 괴로움은 시작된다. 깨달은 자 '붓다'가 되기 전 고타마 싯다르타 왕자는 여기에 모든 문제가 있다고 파악했다. 원함은 탐(貪, 욕심, craving or greed) · 진(瞋, 화, anger or hatred) · 치(痴, 어리석음, ignorance or illusion)를 낳는다. 고타마는 이것이 괴로움을 불러일으키는 삼독(三毒)임을 깨닫고 이를 없애고 평정한 마음을 얻어 붓다가 되었다. 이것은 모두 마음의 문제다. 마음을 잘 다스리면 괴로움이 사라질 것이다. 뇌가 마음을 만든다. 뇌에 三毒을 만드는 구조가 심어져 있다.

우리가 어떤 대상을 만났을 때 그것이 무엇인지 알고, 느끼고, 그에 따라 일어나는 욕구에 의해서 마음이 만들어진다. 나의 마음이 생성되는 과정을 내가 알아차리면 어떤 결과가 일어날까? 일어나고 있는 마음을 알아차리지 못하면 마음이 이끄는 대로 우리의 행동이 따라간다. 그 끄달림의 결과는 대체로 괴로움이다. 반면에 일어나는 마음을 알아차리면 우리는 마음을 다스릴 수 있다. 내게 지금 욕심이 일어나고 있다는 것을 알아차려도 욕심이 채워지지 않아 괴로울까? 일어나는 화를 알아차려도 버럭 화를 낼까? 망상에 빠진 것을 알아차려도 망상의 어리석음을 저지를까?

괴로움과 행복함은 마음의 문제이다. '나'라는 존재는 거의 전적으로 나의 몸과 마음의 합이다. '몸'이 인식대상에 반응하여 '마음'을 만든다. 그것이 나의 전부이다. 고타마는 그렇게 통찰하고 '깨달은 자' 붓다가 되었다. '나'는 인식대상을 만나면 나의 몸(색)에 일어나는 느낌(수)과, 그것에 대한 떠오르는 기억지식(상)과, 일어나는 의도(행)와 궁극적으로 생성되는 마음(식)이 합해진 것일 뿐이라는 것이다. '나'는 이 다섯 가지 무더기(오온)이다.

탐욕(貪, 욕심)과 분노(瞋, 화)는 우리의 먼 조상들이 그 옛날 야수의 세계에서 살아남는 데 필수적으로 필요했다. 우리의 조상들이 그러했고 살아남은 모든 동물들이 그러했다. 그 본능의 '파충류뇌(reptilian brain)'가 우리의 뇌간(뇌줄기 brain stem)으로 남아 있다. 이 다스리기 힘든 고집불통의, 반이성적인 '화와 욕심'의 뇌는 현대를 사는 우리에게 가장 큰 짐이 되었다.

어리석음(痴, 무지)은 잘못된 자아(나임, 'I'-ness)에서 온다. 집단을 이루고 살게 되면서 '나임('I'-ness)'에 대한 개념이 점점 더 발달했다. 사회가 복잡해지고 이해타산과 인간관계가 복잡해지면서 나의 자아는 더욱 성장했다. 필요 없는, '쓸데없는' 공상·망상을 많이 한다. '나임'은 이 사회에서 나의 존재가치를 드높이기도 하지만 어리석음의 근원이 되기도 한다. 붓다는 어리석음(痴, 무지, 무명)이 괴로움의 원천이라고 간파했다. 이 자아·공상·망상의 어리석음을 불러일으키는 뇌가 대뇌에 있다. 기본모드신경망(default mode network, DMN)이다.

2. 전전두엽 : 계정혜(戒·定·慧)

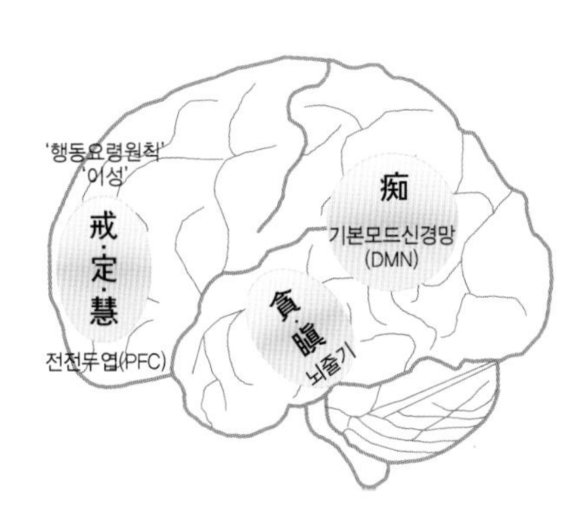


하지만 우리 인간은 괴로움의 뇌에 지배당하며 살지만은 않는다.

언젠가 진화는 호모 사피엔스(*Homo sapiens*)에게 전전두엽(prefrom-tal cortex, PFC)을 선사했다. 역으로 전전두엽을 선사 받았기 때문에 *Homo sapiens*가 되었는지도 모른다. 하여간 전전두엽 덕분에 우리는 내가 하는 일이 나는 물론 상대방에 끼칠 선악을 예견하는 능력을 부여 받았다. 전전두엽에 있는 이 '행동요령원칙(behavior-guiding principles)'에 충실하면 괴로움에서 벗어날 수 있다. '행동요령원칙'은 불교에서 가르치는 삼학[三學; 계정혜(戒·定·慧)]일 것이다. 戒·定·慧는 계율(戒律)·선정(禪定)·지혜(智慧)의 약칭이다. 욕심이 나서 탐하는 마음[貪]은 계율(戒律)로 다스려야 한다. 끓어오르는 분노의 마음[瞋]에서 벗어나 평온한 선정(禪定)을 유지하여야 한다. 미혹에 빠진 어리석은 마음[痴]을 제거하고 진리의 마음 즉 지혜(智慧)를 얻어야 한다. 戒·定·慧 三學을 실천하면 貪·瞋·痴 三毒을 마시지 않는다.

戒·定·慧 三學을 어떻게 실천할까? 지식적으로 알고 있다 하더라도 그렇게 실천하며 살기는 쉽지 않다. 필자의 할아버지는 매일 새벽 들(논밭)에 나가기 전에 명심보감(明心寶鑑)을 낭독(朗讀)하셨다. 당시 필자는 어려서 무슨 뜻인지 몰랐지만, 선인들의 보배로운 말과 글을 숙독하여 인격을 수양하고 인생의 잠언으로 삼으셨을 것이다. 매일 일과를 시작하기 전에 명심보감을 읽음으로써 마음을 챙기셨다. 불교에서는 마음을 챙겨 三學을 실천하는 방법으로 자신의 마음을 '알아차림(마음챙김 mindfulness)' 하라고 한다. 'mindful'은 마음(mind)의 형

용사로써 마음에 관심을 두는, 마음에 두는, 마음에 신경을 쓰는, 염두에 두는, 주의 깊은 등의 의미이다. 명사인 'mindfulness'는 '일어나는 마음을 주의 깊게 관찰함'의 뜻으로 '알아차림'이며 '마음챙김'으로 더 잘 알려져 있다. 초기불경의 언어인 빨리어로는 싸띠(sati)라 한다.

고타마는 일어나는 마음을 '마음챙김'하여 깨달은 자 붓다가 되었고, 육신이 죽을 때까지 탐욕, 증오, 망상에서 벗어나 모든 상태가 청정해진 심신으로 살았다. 이 불길은 '꺼졌으며', '소멸되었고', '그 연료들은 제거되었다.[1]

붓다와 같은 마음을 얻고자 하는 것이 우리가 붓다의 마음을 공부하는 이유이다. 마음이 어떻게 생성되는지를 알면 마음을 잘 이해하고 챙길 수 있다. 이는 곧 괴로움에서 벗어나는 길이다. 온전히 벗어나지는 못할지라도 마음을 챙기려 노력하면 보다 평온한 삶을 누릴 수 있다. 아직은 시작 단계에 불과하지만, 현대 뇌과학은 뇌를 열어 마음을 들여다보게 했다. 마음이 일어나는 과정을 보다 자세히 알면 그만큼 마음챙김에 도움이 된다.

---

1) 붓다 마인드, 욕망과 분노의 불교심리학. 엔드류 오랜츠키 지음. 박재용·강경화 옮김. 2018년 올리브그린. p217. 원제 Unlimiting Mind, The Radically Experiential Psychology of Buddhism. Olendzki, Andrew | Pgw | 2010년 04월 20일

## 3. 불교의 마음과 뇌과학

결국 대상을 보는 인식이 문제다. 인식은 마음을 만들기 때문이다. 마음은 대상을 만나서 일어나는 뇌의 작용이다. 따라서 마음은 뇌과학의 영역이며 뇌과학적으로 불교를 공부하면 붓다의 마음을 보다 더 실감 나게 이해할 수 있다. 이 책의 저술목적이 여기에 있다. 불교는 '마음학문'이다. 마음은 뇌과학의 영역이기에 불교는 마음을 분석하는 '마음신경과학(mind neuroscience)' 혹은 '마음뇌과학(mind brain science)'이다. 인지 측면에서 보면 마음뇌과학은 인지뇌과학(cognitive neuroscience)이다. 붓다는 마음을 조작하는 방법까지 간파했다. 어떻게 하면 괴로운 마음에서 깨어나 평온한 마음으로 가는지를 알려주었다. 그것은 '마음공학(mind engineering)'이다.

인지된 대상이 뇌에서 어떤 과정을 거쳐 마음이 일어나는지에 대한 뇌과학적 연구는 이제 막 시작되었다고 해도 과언이 아니다. 뇌가 어떻게 생겼는지 어떻게 작동하는지 이제 겨우 조금씩 알려지기 시작했다. 뇌의 활동을 볼 수 있는 기계장치가 이제 개발되었기 때문이다. 하지만 그 성능이 아직 보잘것없어 뇌의 미세한 기능영역까지 밝혀내지는 못하고 있다. 뇌는 아직 안개 속에 갇힌 신비의 대상이다.

불교에서는 붓다로부터 시작해서 마음을 깊고도 깊게 분석해 놓았다. '이론 인지뇌과학'이다. 현대 뇌과학은 실험을 바탕으로 한다. 과학적으로 증명하려면 분석할 수 있는 도구가 있어야 한다. 현재 뇌의 활동을 볼 수 있는 가장 정밀한 기계는 기능적 자기공명영상(functional magnetic resonance imaging, fRMI) 장비이다. 하지만 이마저도 뇌의 기능을 세세하게 관찰하기에는 터무니없이 조악하다. 인공위성에서 성능이 좋지 못한 망원경으로 지구를 관찰하는 수준에 비유될 수 있다. 부파불교(部派佛敎) 및 유식불교(唯識佛敎)에서 설명하는 난해한 마음의 구조를 뇌과학 실험기법으로 설명하기는 현재의 장비로는 불가능하다. 아마도 요원할 것이다. 하지만 초기불교(初期佛敎)에서 가르치는 '붓다의 마음' 은 뇌과학적으로 설명할 수 있는 부분이 있다. 물론 '소 풀 뜯어 먹는' 수준으로 '여기 찔끔 저기 찔끔' 이해하는 수준이지만 붓다의 마음을 현대 뇌과학 관점의 마음과 연결해 보는 과정은 필자를 흥분시키기에 충분했다. '실험 하나 하지 않고 어떻게 이런 뇌과학적 진리를 간파했을까'하는 경이로움에서다.

붓다의 가르침을 그냥 받아들이고 믿으며 수행하는 것도 좋다. 하지만 그 가르침이 뇌과학적으로 설명되는 합리적 진실이라는 사실을 알면 믿음이 훨씬 확실하고 수행에 믿음이 갈 것이다. 따라서 이 책은 불자는 물론 모든 사람이 마음을 이해하고 다스려 평정한 심성을 유지하는 데 도움이 되리라 확신한다.

## 4. 이 책의 범주와 깊이

이 책은 초기불교의 경장(經藏)에서 가르치는 마음, 그것도 五蘊과 六識에 한정했다. 다만 여섯 번째 식[육식]의 경우 의근, 의식, 인식과정에 대한 내용은 부파불교 논서(論書)의 내용을 많이 참고로 했다. 부처님의 직접 가르침인 경장에는 거의 언급되지 않은 부분이기 때문이다.

그리고 이 책은 종교서적이 아니라 과학교양서적으로써 종교적 요소는 배제했다. 필자는 불교의 교리에 깊은 조예(造詣)가 없다. 불교의 가르침에 관심이 많은 뇌과학자일 따름이다. 따라서 혹시 종교적 교리와 상반되는 부분이 있다면 그것은 온전히 필자의 모자람이며, 이 책의 효용성은 거기까지임을 이해해주기를 바란다. 그리고 이 책은 온전히 과학적 측면에서 서술한 것임을 다시 강조한다.

마음은 뇌의 작용에서 발생하는 것이기 때문에 뇌의 구조와 신경세포의 작동원리에 대한 이해는 이 책을 읽는데 필수적인 지식이다. 하지만 이에 대한 지식은 일반인에게는 어려운 부분이다. 따라서 뇌의 구조와 작동방식에 대한 최소한의 지식만으로 이 책을 읽어나갈 수 있도록 노력했다. 심도 있게 이해하려면 전문지식이 필요하기 때문에 이런 부분은 Box로 처리했다. Box의 내용은 뇌과학을 전공하는 학도들에게도 생소하고 어려운 내용일 수 있다. 최근에 알려지기 시작한 뇌에 대한 지식을 학술논문에서 발췌한 것들이 많기 때문이다. 분명한 것은, 어려운 부분이지만 이들을 이해하면 마음을 훨씬 더 잘 알 수 있고 불교의 가르침을 보다 실감 나게 이해할 수 있다는 것이다.

[붓다 마음의 뇌과학(The Brain Science of Buddha's Mind) 시리즈]는 3권으로 출간하였다.

제1권 오온과 전오식
제2권 의근과 의식
제3권 마음을 만드는 뇌의 구조

제1권은 '나'는 무엇이냐의 질문에 대한 붓다의 답인 오온과 오감에서 생기는 다섯 가지 식(전오식)에 대한 뇌과학적 해석이다.

제2권은 의근과 의식을 다루었다. 의식은 법경을 의근이 포섭해서 만드는 마음이다. 의근과 의식에 대한 설명은 그 내용이 너무 방대하여 따로 분리하였다.

제3권은 뇌의 구조에 대한 설명이다. 마음을 이해하기 위하여 뇌구조를 아는 것은 필수적이다. 하지만 뇌는 매우 복잡한 3차원적 구조로써 뇌의 모든 구조를 설명하는 것은 본 저술의 목적을 넘어선다. 뇌구조를 연구하는 학문을 신경해부학이라 한다. 이는 그 자체로 하나의 독립된 큰 학문이다. 그 방대한 내용을 모두 다룰 수는 없다. 여기서는 마음의 생성과 관련된 뇌구조들을 중심으로 설명하였다. 자칫 딱딱한 내용일 수 있기 때문에 해부학적 구조설명보다는 마음을 생성하는 기능적 측면을 강조하였다. 그런 맥락에서 마음의 진화를 이해하기 위하여 하등동물의 신경계통 및 뇌구조들도 포함하였다. 따라서 제3권은 제1, 2권을 읽는 데 필요하기는 하지만 부록 수준이 아니라 하나의 독립된 책으로 간주할 수 있다.

아무쪼록 이 졸저가 깨달음을 얻어 괴로움에서 벗어나 평정한 마음을 갖기를 원하는 모든 분들에게 도움이 되기를 발원한다.

2020년 8월

경주시 석장동 동국의대 뇌신경과학 연구실에서

동헌(東軒) 文一秀

# 서언

삶의 소용돌이에서 한 발짝 물러나 앉으면 누구나 스스로 '나는 누구인가'라는 질문을 한다. '나'를 어떻게 규정하느냐에 따라 그 '소용돌이'를 보는 관점이 달라진다. 그렇기 때문에 이 질문에 대한 답은 심오한 문제이다. 붓다는 '나는 오온(五蘊)이다'라고 한다. '나'는 나의 몸(색, 色)에 생기는 느낌(수, 受), 떠오르는 기억(상, 想), 생기는 의지(행, 行), 그리고 마음(식, 識)이라는 것이다. 이 다섯 가지 쌓임(무더기, 蘊)이 오온이다. 오온이 뇌과학적으로 무엇을 의미하는지 살펴본다.

몸을 제외한 나머지 네 무더기는 정신적인 것이다. 이 정신적 현상의 무더기들은 대상을 만나 생기는 인식의 결과물이다. 세상에 있는 대상은 다섯 가지 감각, 오감으로 받아들인다. 그런데 붓다는 여섯 가지 감각이 있다고 했다. 여섯 가지 감각으로 받아들이기 때문에 여섯 가지 인식작용, 육식(六識)이 있다고 했다. 일반적으로 생각하는 오감에 붓다는 마음감각을 여섯 번째 감각이라고 생각했다. 오감은 누구나 생각하지만 마음을 어떻게 감각이라고 생각하였을까. 마음을 감각대상이라고 생각하였기 때문에 이를 감지할 수 있는 감각기관이 있어야 한다. 붓다는 이를 의근(意根 mano)이라고 설정했다. 오감의 대상 즉 색성향미촉(色聲香味觸)은 물질이다. 마음(생각, 法)도 감각의 대상이려면 물질적인 것이어야 한다. 붓다는 마음을 물질의 영역에 설정한 것이다. 붓다의 위대한 통찰이다. 물질이기 때문에 마음을 감각하는 의근이 있고, 의근을 잘 활용하면 마음을 내가 원하는 데로 만들 수 있다. 마음수행을 가능하게 하는 근거이다. 불교의 탄생근거이다.

마음이 무엇인지는 인류 역사를 통하여 오랫동안 논란이 된 큰 문제였다. 따라서 여기에서는 마음과 몸이 어떤 상관관계인지, 즉 마음-몸 문제(心身問題, mind-body problem)를 먼저 살펴본다. 마음이 어떻게 정의되며, 어디에서 오는지, 왜 물질적인지 설명한다. 이어서 오온이 뇌과학적으로 무엇을 의미하는지 알아본다. 그리고 오온을 만드는 육식 가운데 오감인식[前五識; 안식(眼識)・이식(耳識)・비식(鼻識)・설식(舌識)・신식(身識)]만 여기에서 다룬다. 여섯 번째 인식작용인 의식(意識)은 분리하여 제2권에 다룬다. 그 내용이 너무 방대하기 때문이다.

마음은 뇌의 작용에서 시작하기 때문에 뇌의 구조를 아는 것은 마음을 이해하는데 필요하다. 마음과 관련된 뇌의 구조는 제3권으로 따로 분리하였다. 따라서 이 책에서 설명하는 내용에 관련된 보다 자세한 뇌 구조와 기능을 필요로 한다면 제3권을 참고하기를 바란다. 하지만 기본적으로 제3권을 참고하지 않아도 읽을 수 있도록 노력하였다. 제3권은 뇌구조에 관련된 보다 깊은 기능과 자세한 구조에 대한 설명이다. 아무쪼록 이 책이 초기불교를 공부하는 학도들과 마음과 뇌에 관심이 있는 독자들에게 붓다의 마음을 이해하는 데 도움이 되기를 발원한다.

제1장

# 마음과 뇌의 상관관계

(마음은) 멀리 가고 홀로 다니며 형체도 없고
동굴에 사는 이 마음을 잘 다스리면
악마의 속박에서 벗어나리라.

『담마빠다』 37

마음은 무엇이고 어디에서 오는가?
'저 바깥세상'이 어떻게 나의 깊은 내면의 은밀한 사적 대화인 마음을 만드는가?
이 장에서는 마음과 뇌의 상관관계를 알아본다.

마음(mind)이란 무엇인가? 쉬운 것 같지만 막상 명료하게 정의하기는 쉽지 않다. 흔히 마음은 생각(thought)과 동의어로 쓰인다. 마음은 '우리의 머릿속'에서 일어나는 생각이며 우리 자신과의 사적인 대화이다. 우리는 기뻐하고, 슬퍼하고, 무서워하고, 뭔가를 골똘히 생각하고, 계획하고, 판단하고, 미래를 설계한다. 이는 모두 나의 머릿속 뇌에서 일어나는 마음이다. 어떤 마음이 일어나고 작동하는지는 자신 이외에는 알 수 없는 '사적인 은밀한 대화'가 대부분이지만 일부의 마음은 표정과 행동으로 드러나기 때문에 타인이 나의 마음을 알 수도 있다.

마음은 외부자극에 의해서 생겨날 수도 있고, 내적 동기에 의한 마음 자체에서 시작한 추상적인 자극에 의하여 생길 수도 있다. 뇌에서 생성된 마음은 운동신경을 통하여 근육을 작동시켜 기쁨의 환희, 슬픔과 같은 표정으로 나타나거나, 눈물샘을 작동시켜 눈물을 흘릴 수도 있고, 땀샘을 자극하여 식은땀을 흘릴 수도 있다. 또한 내분비계통을 통하여 호르몬을 분비하여 생리적 변화가 나타날 수도 있다. 이러한 마음의 외적 표현은 즐겁거나 슬프거나 겁이 날 때 나타나는 표정을 생각하면 쉽게 이해된다. 그러나 생성된 마음이 겉으로 드러나지 않을 수도 있다. 뭔가를 고민하고 판단 내린 결과가 내 머릿속에 머물면 타인은 나의 마음을 알 수 없다. 이처럼 마음은 매우 다양한 면모를 띠고 있다.

마음의 다양성은 뇌의 복잡성에 기인한다

이렇게 마음이 다양한 속성(屬性, 특질, attribute)을 가지는 것은 마음을 생성하는 뇌가 복잡하기 때문이다. 뇌는 다양한 감각을 받아들이고, 이들을 처리한 결과를 바탕으로 행동이 나타나며, 이러한 과정들을 기억으로 저장하여 뇌에 흔적을 남긴다. 저장된 기억들은 서로 연합하여 연계되고 생명의 연속 상에서 다음의 행동에 영향을 미친다. 뇌는 감각인지, 감정, 기억, 추론 등 다양한 기능을 수행하는 기능계(시스템)들이 서로 복잡하게 연결되어 고등한 기능을 하는 상상을 초월하는 복잡한 구조이다. 이러한 뇌의 복잡성이 다양한 기능을 수행하기 때문에 그 수행의 결과인 마음의 속성을 간단명료하게 정의하지 못하는 이유가 된다.

이러한 배경지식을 바탕으로 마음의 정의를 살펴보자.

마음의 정의: 네이버 국어사전에는 마음을 다음과 같이 정의한다.[2)]

1) 사람이 본래부터 지닌 성격이나 품성.
2) 사람이 다른 사람이나 사물에 대하여 감정이나 의지, 생각 따위를 느끼거나 일으키는 작용이나 태도.
3) 사람의 생각, 감정, 기억 따위가 생기거나 자리 잡는 공간이나

2) https://ko.dict.naver.com/small_detail.nhn?docid=12515400&offset=IDIOM15561

위치.

4) 사람이 어떤 일에 대하여 가지는 관심.

5) 사람이 사물의 옳고 그름이나 좋고 나쁨을 판단하는 심리나 심성의 바탕.

6) 이성이나 타인에 대한 사랑이나 호의(好意)의 감정.

7) 사람이 어떤 일을 생각하는 힘.

한편 우리말 위키백과[3]에는 마음을 다음과 같이 정의하고 있다.

마음은 사람이 다른 사람이나 사물에 대하여 생각, 인지, 기억, 감정, 의지, 그리고 상상력의 복합체로 드러나는 지능과 의식의 단면을 가리킨다. 이것은 모든 뇌의 인지 과정을 포함한다. '마음'은 가끔 이를 생각하는 과정으로 일컫기도 한다.

영문판[4]에는 다음과 같이 정의한다.

A mind is the set of cognitive faculties that enables consciousness, perception, thinking, judgement, and memory — a characteristic of humans, but which also may apply to other life forms.

---

3) https://ko.wikipedia.org

4) Wikipedia https://en.wikipedia.org

(마음은 의식, 인식, 생각, 판단 그리고 기억을 가능하게 하는 일련의 인지기능들이다 - 이는 사람의 특질이지만 다른 생명에 적용될 수도 있다)

## 1. 사람이 아닌 다른 생물에도 마음이 있을까?

이는 마음의 범주를 정하기에 달렸다. 위 마음의 정의에서 나타나듯 마음은 매우 다양한 측면이 있다. 일부 심리학자들은 '높은 수준'의 지적 작용들만이 마음이라고 주장한다. 특히 추론과 기억이 여기에 속한다. 이런 관점에서 볼 때 감정 - 사랑, 증오, 화, 기쁨 - 은 보다 원초적이고 주관적으로서 '높은 수준'의 지적 작용인 마음과 다르다고 본다. 하지만 다른 심리학자들은 '높은 수준'인 이성과 '낮은 수준'의 감정을 불러일으키는 뇌부위들은 잘 분리되지 않고 서로 연결되어 작동하고 서로에게 영향을 미치기 때문에 전부 마음의 일부로 간주하여야 한다고 주장한다.

뇌의 복잡성을 잠깐 보자. 대뇌에만 약 1천억 개의 신경세포가 있으며 소뇌에는 더 많은 신경세포가 있다. 하나의 신경세포는 평균 5천 개의 - 다른 신경세포와 연결되어 있다. 신경세포들의 연결은 신경회로(neural circuit)를 만든다. 신경회로는 뇌 기능의 근거가 되며 이는 컴퓨터의 프로그램에 상응한다. 컴퓨터가 실리콘 회로로 이루어진 프로그램으로 기능하듯이 뇌의 기능은 신경회로의 활성에서 나온다.

사람 뇌신경회로의 길이는 지구 적도를 거의 4바퀴 반이나 감을 만큼 길다.[5] 물론 일차원적으로 연결된 것이 아니라 몇 차원인지 알 수 없을 정도로 복잡하게 얽혀져 있다. 최근의 연구에 의하면 사람의 뇌는 연결에 연결을 더하여 적어도 11차원의 연결구조를 이루는 것으로 보인다.[6] 감각을 받아들이고 해석하는 낮은 차원의 기초적 기능의 감각수용회로는 여러 가지 다른 기능의 신경회로와 연결되어 신호를 전파한다. 감각은 생각할 겨를도 없이 곧바로 즉각적 행동이나 감정반응을 유발하기도 하는데 이는 '낮은 수준'의 마음이다. 하지만 많은 경우에 우리의 감정반응은 다음 차원의 신경회로로 전달되어 보다 높은 차원의 행동을 한다. 즉각적 반응행동을 참고 절제된 이성적 행동을 하는 것이다. 이성적으로 판단하고 행동하는 '높은 수준'의 마음이다. 이처럼 낮은 수준의 감각수용회로와 높은 수준의 신경회로들은 서로 연결되어 각 수준의 마음을 생성한다.

뱀, 개구리 등과 같은 파충류들은 거의 즉각적 반사행동을 한다. 건드리면 화를 내는 것을 보면 알 수 있다. 쥐, 고양이, 토끼, 곰과 같은

---

5) https://www.psychologytoday.com/blog/the-new-brain/201106/brain-wiring
6) Reimann MW et al. (2017) Cliques of Neurons Bound into Cavities Provide a Missing Link between Structure and Function. Front Comput Neurosci. 11:48.

털이 난 동물들은 외부자극에 조금 높은 수준의 반응을 보인다. 새끼를 돌보는 부모 행동을 보이기도 하고, 무리를 지어 행동하는 동료의식도 있다. 파충류가 보여주는 화나 곰돌이 가족이 보여주는 가족애도 마음의 일종이다. 따라서 '인간이 아닌 하등동물에서도 마음이 있는가'라는 질문에 대한 답은 마음을 어떻게 정의하느냐에 달렸다. 즉 무엇을 마음이라고 하느냐에 따라 하등동물에도 마음이 있다고 할 수 있다. 진화적으로 인간과 가장 가까운 유인원은 우리와 가장 유사한 마음을 가지고 있고, 하등인 개와 소는 보다 단순한 마음을 가지며, 보다 더 하등인 쥐, 잠자리, 개미는 더 열등한 단순 마음을 갖는다고 볼 수 있다.

그렇다고 세균에도 마음이 있을까? 세균도 자기가 좋아하는 물질이 있는 방향으로 다가간다. 주성(走性, taxis)이라 한다. 세균은 단세포 생물로 신경은 물론 없다. 단지 단백질로 만들어진 동력기관에 의해 영양분이 많이 있는 쪽으로 움직일 뿐이다. 그 움직임에는 '가야겠다'고 생각하는 마음은 없다. 어느 쪽으로든 움직여보고 그곳이 그전 장소보다 영양분이 더 많으면 그쪽 방향으로의 움직임은 지속될 뿐이다. 영양물질의 농도 차를 감지하여 일어나는 반사작용으로 마음이 없는 것이 분명하다.

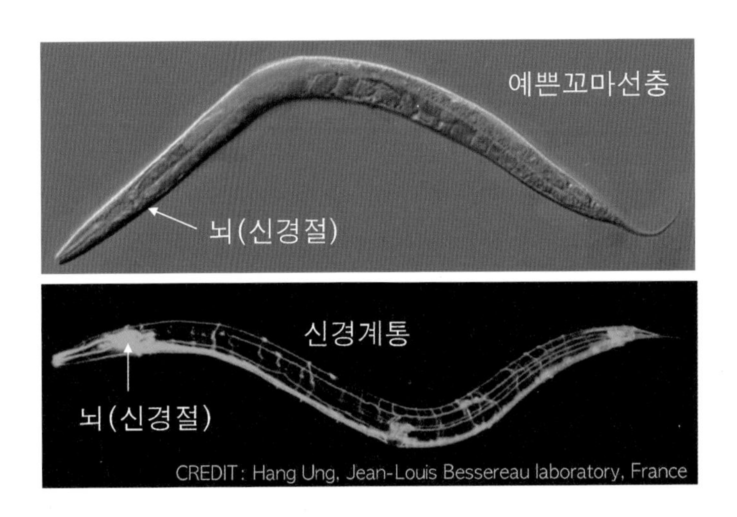


**[예쁜꼬마선충의 신경계통]**

예쁜꼬마선충*(Caenorhabditis elegans)*의 위상차현미경사진(위)과 신경계통을 보여주는 형광현미경사진(아래)

원초적이지만 신경계통을 가지는 생물의 경우는 간단하지 않다. 예쁜꼬마선충(*Caenorhabditis elegans*)은 몸의 길이는 1mm 정도이고, 성체의 총 세포 수는 959개로 그 가운데 302개가 신경세포이다. 이들의 신경세포들은 서로 연결되어 신경망을 이루는데 대부분 신경세포는 집중적으로 모여 신경절(ganglia)을 이룬다. 이 신경절 가운데 가장 큰 것이 뇌의 역할을 한다. 세균과 달리 예쁜꼬마선충은 노화현상을 보이며, 학습과 기억을 하고 여러 가지 질병에 걸리기도 한다. 이들은 자기가 좋아하는 냄새가 나는 방향으로 기어간다. 흥미로운 점은 이런 좋아하는 행동을 반사적으로 하지 않는다는 것이다. 때로 이들은 좋아하는 냄새를 무시하기도 한다. 즉, 냄새 자극을 받았음에도 불구하고 무시하고 그쪽으로 가지 않는다. 이는 단순반응이라기보다 뭔가 '생각' 이나 '판단' 을 한다는 증거이다. 마음이지 않을까.

**[사람 뇌의 신경회로]**

하나하나의 신경회로는 너무 가늘어서 맨눈으로 볼 수 없다. 하지만 신경회로들이 모여서 굵은 다발을 이루면 맨눈으로 볼 수 있다. 위 왼쪽 사진은 사람 대뇌의 피질을 일부 제거하고 속에 있는 신경다발을 노출한 모습이다. 화살표가 가르치는 다발은 활꼴다발로 아래 그림에 모식도로 나타내었다. 위 오른쪽 사진은 사람 뇌 속에 신경 다발들이 복잡하게 얽혀있는 것을 보여준다. 왼쪽은 위에서 내려다 본모습으로 좌뇌와 우뇌가 뇌들보로 연결되어 있음을 보여준다. 뇌들보도 신경다발이다. 오른쪽은 우뇌를 옆에서 본 모습이다. 아래 그림들은 전전두엽과 후두엽을 연결하는 아래 전두 후두 다발과 전두엽과 두정엽 및 측두엽을 연결하는 띠다발을 보여준다. 뇌는 극히 복잡한 신경회로를 구성한다. 뇌의 모든 신경회로를 한 줄로 이으면 지구 적도를 4바퀴 반이나 감을 만큼 길다.

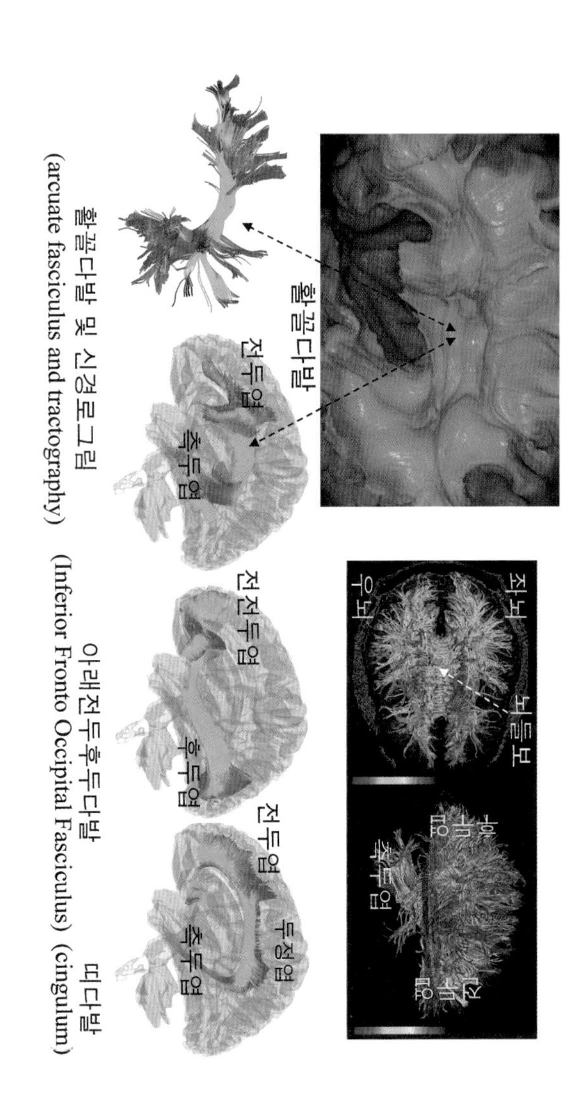


활꼴다발 및 신경로그림 (arcuate fasciculus and tractography)

아래전두후두다발 (Inferior Fronto Occipital Fasciculus)

띠다발 (cingulum)

마음은 뇌에서 기원한다. 흔히 마음은 생각과 동의어로 사용된다. 마음은 매우 복잡하다. 단순한 감정과 같은 낮은 수준의 마음이 있고 곰똘히 생각하여 판단하는 높은 수준의 마음도 있다. 여러 가지 마음이 있는 것은 뇌가 복잡하기 때문이다.

사람의 뇌에는 여러 가지 감각의 수용과 분석, 운동, 감정, 추상적 추론 등 다양한 기능을 담당하는 구조들이 모여 있을 뿐 아니라 이들은 서로 연결되어 보다 더 복잡한 연결구조를 만든다. 뇌의 기능은 신경세포가 연결되어 만들어진 신경회로의 작용에서 나온다. 마음과 가장 관련이 있는 대뇌에는 약 1천억 개의 신경세포가 있으며 하나의 신경세포는 평균 5천의 다른 신경세포와 연결되어 있다. 사람 뇌 전체의 신경회로를 한 줄로 이으면 176,000km나 된다. 이는 지구의 적도를 네 바퀴 반이나 감을 수 있는 엄청난 길이이다. 뇌신경세포 사이의 연결은 1차원이 아니라 알 수 없는 높은 차원으로 연결된 상상을 초월하는 복잡한 구조를 이루고 있다.

## 2. 심신문제[心身問題, mind-body problem] - 마음과 몸의 관계

마음의 정체는 무엇이며 우리 몸의 어디에서 나올까? 사람들은 오래 전부터 이 문제에 대한 답을 궁금해했다. 심신문제 - 마음과 몸의 관계에 대한 질문이다.

고대 그리스의 철학자 아리스토텔레스(기원전 384년-322년)는 철학자인 동시에 많은  동물을 해부해 본 생물학자이기도 했다. 그는 인간의 마음이 따뜻한 심장에 있다고 생각했다. 흥미롭게도 그는 동물의 뇌를 방열 기관이라고 생각했다. 쭈글쭈글하게 생겨 열을 잘 발산할 거로 생각한 것이다.[7] 옛 이집트인들도 감정과 기억, 지혜가 자리 잡고 있는 곳은 뇌가 아니라 심장이라고 생각했다. 그래서 미라를 만들 때 가장 중요하게 보관한 것도 심장이었다. 뇌는 필요 없는 부분이라고 생각해 내버렸다.[8]

7) 이용석(2015). 뇌를 통해 들여다보는 마음. 제11회 경암 Bio Youth Camp. http://www.ksmcb.or.kr/file/bio_2015/lectures/profile_14.pdf

8) https://namu.wiki/w/미라

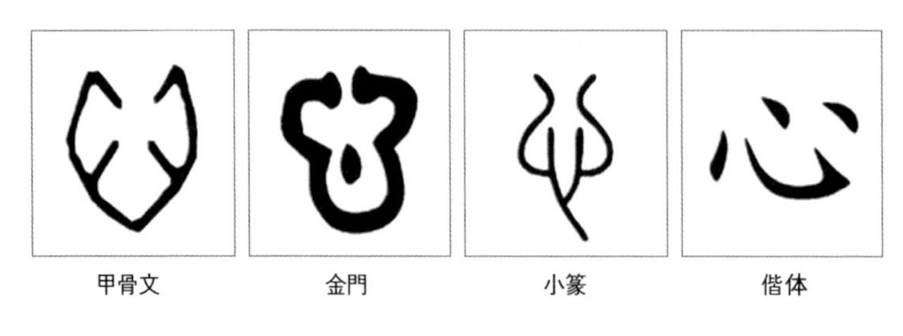


**[心의 유래]**

마음 심(心)은 동물의 심장을 나타내는 상형자이다.

옛 중국에서도 심장은 '마음을 담당하는 장부[心腸]'로 여겨졌다. 마음 '心' 은 심장의 해부학적 모양에서 유래했다. 열자(列子)[9]의 탕문편(湯問篇)에 심장이 사람의 정신을 지배한다는 임상 사례가 나온다. 춘추전국시대의 명의(名醫)인 편작(扁鵲)이 뜻(志)은 강하나 기(氣)가 약한 사람과 기는 강하나 뜻이 약한 사람을 치료하기 위해 두 사람의 가슴을 갈라 심장을 바꾸어 놓았다. 그다음 두 사람의 행동이 흥미롭다. 두 사람은 서로 집을 바꾸어 찾아가고, 처자식도 바꾸어 알더라는 것이다. 그 시대에 심장이식 수술을 했을 리 만무한 중국인 특유의 허풍이지만 마음이 어디에 있다고 생각했는지를 잘 보여준다.

---

9) 열자(列子)는 중국 전국시대의 도가 사상가로, 이름은 어구이다. 정의 은자로서 기원전 4세기경의 인물로 알려진다. 오늘날 《열자》 8권 8편이 남아 있으며, 이 책에 대해서는 그가 서술한 것을 문인·후생들이 보완했다 하거나 또는 후세의 위작이다 하는 견해가 대립된다. 위키백과(https://ko.wikipedia.org/wiki/열자)

반면 우리가 의학의 아버지라고 부르는 히포크라테스(기원전 약 460-370년)는 마음이 머무르는 곳을 심장이 아닌 뇌라고 생각했다.

[히포크라테스(BC460)]
고대 그리스의
페리클레스 시대 의사

뇌과학이 발달하면서 마음이 뇌와 관련이 있다는 이론에는 이견이 없다. 그러면 뇌와 마음은 어떤 관계일까? 이것이 오랫동안 논란된 '심신문제(心身問題, mind-body problem)'이다. 이 문제는 17세기에 르네 데카르트(Rene´Descartes)가 처음 다루었는데, 그와 추종자들은 마음의 영역과 물질의 영역 사이에 엄격한 구분이 존재하여 마음이라는 실체와 뇌라는 실체가 따로 존재한다고 하는 실체이원론[substance dualism; 물심이원론(物心二元論, dualism)]을 주장했다. 이들의 주장에 따르면 인간을 몸과 생각체(thinking thing), 즉 물질적 실체와 정신적 실체(mental substance)의 결합체로 보았다.[10] 데카르트는 정신적 실체인 영혼을 인간만이 특별히 신으로부터 받았다고 생각했다. 그리고 몸과 영혼은 접촉하여 인과적 영향을 주고받을 수 있어야 하는데 두 상이한 실체는 송과체(epiphysis, pineal body)를 통하여 뇌와 연결된다고 데카르트는 믿었다.

10) 김남호 (2016) 창발적 이원론은 데카르트적 이원론을 극복하였는가? 인간연구 제32호, 2016.7, 91-120.

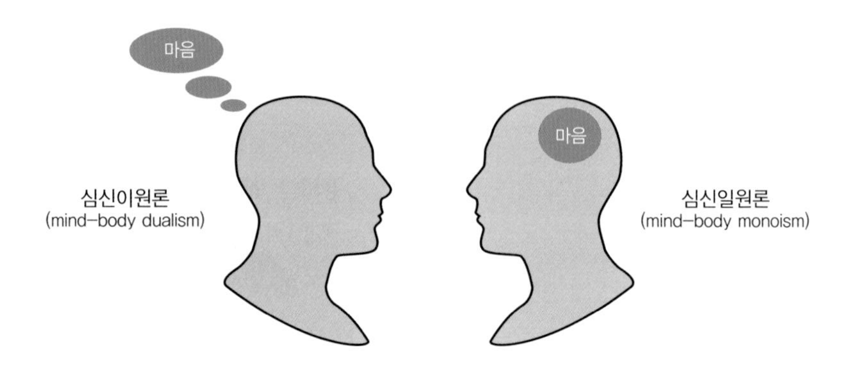


**[심신문제]**

마음과 뇌의 상관관계 문제를 심신문제라 한다. 심신일원론은 마음과 몸이 동일한 원천에서 유래한다는 주장으로 뇌 속에 마음이라는 물질이 있다는 주장이다. 반면에 심신이원론은 마음과 몸(뇌)은 두 개의 실체로서 각자 따로 존재할 수 있다는 주장이다. 둘 다 정확한 설명이 못된다. 현재는 속성이원론으로 본다.

반면 단일론(單一論, monoism, 물질론, physicalism, materialism)은 마음과 몸(뇌)은 분리할 수 없는 하나의 실체(물질)라고 본다. 보다 단순화하여 표현하면 해부학적으로 위치 파악이 가능한(locatable) 뇌의 어느 부위가 마음에 해당한다는 것이다. 즉 뇌에 대뇌, 소뇌, 시상 등이 있듯이 마음을 만드는 부위가 있다는 것이다. 그러나 마음은 뇌의 어느 부위에도 해부학적 실체로 존재하지 않는다. 이원론과 단일론 두 주장 속에도 많은 변이들이 있는데 여기서 다룰 문제는 아니다.

현대는 심신문제를 실체이원론이 아닌 속성이원론(property dualism)으로 설명한다. 인간이라는 한 실체 안에 두 속성, 즉 물질적(physical)인 속성과 정신적(mental) 속성이 존재하며, 정신적 속성인 마음은 육체적 속성인 뇌의 활동에서 유래한다고 보는 것이다.

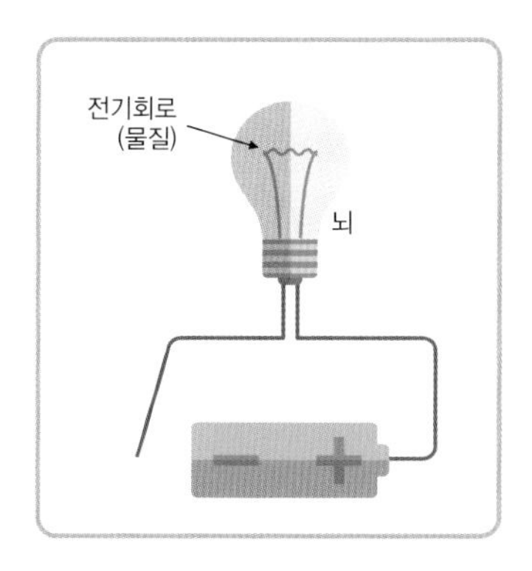

**[마음과 뇌의 관계에 대한 비유]**

전구와 텅스텐 필라멘트의 관계는 뇌와 뇌신경회로에 비유된다. 뇌와 필라멘트는 모두 물질이다. 필라멘트에 전기가 흐르지 않으면 빛이 발생하지 않는다. 하지만 필라멘트에 전류가 흐르면 빛이 발생한다. 뇌신경회로에 활동전위가 흐르면 마음이 생긴다.

마음과 뇌의 관계를 전구의 예로 설명하자. 전구(뇌) 속에는 빛(마음)을 생성하는 코일(신경회로)이 존재한다. 하지만 빛은 전류가 흐를

때에만 발생한다. 마음은 뇌신경회로가 활동할 때에 일어나는 것과 같은 이치이다. 우리 몸에는 물질적 속성(뇌)과 정신적 속성(마음)이 존재한다는 것이 속성이원론이다. 두 속성의 관계는 상호 의존적이다. 정신적 속성인 마음의 생성은 물질적 속성인 뇌에 의존한다. 즉, 뇌가 없는 마음은 존재할 수 없다.

한편 뇌도 마음에 의존한다. 어떤 마음을 갖느냐에 따라 거기에 맞는 뇌의 형태와 기능이 만들어진다는 것이다. 이는 매우 중요한 말이다. 왜냐하면 마음이라는 추상적 개념이 뇌라는 물질의 변화를 초래하기 때문이다. 여기에 대한 증거는 최근 명상연구를 통하여 잘 증명되고 있다. 즉, 명상을 하면 뇌의 구조와 기능이 변한다는 사실이 과학적으로 밝혀지고 있다.

Box 1-2) 데카르트의 마음·몸 이원론(mind-body dualism)

송과선
(epiphysis)

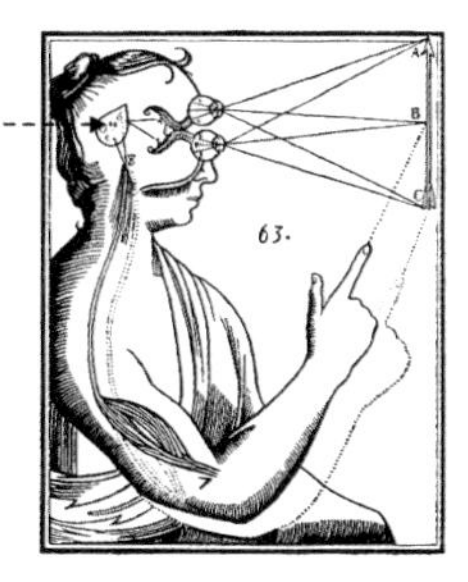

**[데카르트가 주장한 송과선과 마음과 몸의 관계]**

데카르트는 송과선이 뇌기능의 가장 중요한 구조라 생각하였다. 그림에서 시각처리 결과는 송과선에 투사됨을 나타낸다. 데카르트는 송과선에 영혼이 위치하고, 영혼은 육체와 다른 실체로 존재한다고 주장하였다.

르네 데카르트(René Descartes; 1596-1650)는 프랑스의 물리학자이자 근대 철학의 아버지, 해석기하학의 창시자로 불린다. 그의 '나는 생각한다, 고로 존재한다(Cogito ergo sum)'라는 말은 계몽사상의 '자율적이고 합리적인 주체'의 근본 원리를 처음으로 확립한 것으로 유명하다.[11]

데카르트는 마음과 몸이 서로 다른 두 개의 실체라는 이원론을 주장

11) https://ko.wikipedia.org/wiki/르네_데카르트

하였다. 그는 인간은 '영혼'을 신으로부터 특별히 선사받았으며, 송과체(epiphysis, pineal body)는 "영혼이 위치하고 있는 자리(principal seat of the soul)"이고 우리의 모든 마음이 만들어지는 장소라고 생각했다. 예로서 위그림은 데카르트의「인간론 Traite de I' Homme」에서 시각계(즉, 몸)와 마음(즉, 영혼)의 관계를 설명하는 도표이다. 데카르트는 망막에 맺힌 상(즉, 감각)이 신경섬유에 의해 뇌에 들어와 송과체에 투사되어 그곳(송과체)에 있는 영혼에 영향을 미쳐 마음을 만든다고 주장했다. 이와 같이 데카르트는 송과체가 인간의 몸과 영혼이 서로 만나서 교통하는 장소라고 생각했다. 왜냐하면 영혼이 우리 몸에 들어온다면 뇌에 들어올 것이고 뇌에서는 송과체가 가장 중심적인 역할을 한다고 믿었기 때문이다. 이와 같이 데카르트는 몸과 영혼(마음)은 완전히 서로 다른 실체라고 생각했다.

한편 그는 인간은 '합리적 영혼'을 신으로부터 특별히 선사받았다고 생각했다. 인간의 영혼은 식물과 동물의 영혼과 다른 특별한 것이라는 것이다. 식물의 것은 '생장의 영혼'으로 영양섭취, 성장, 생식 기능'을 한다. 동물의 것은 '감각의 영혼'으로 영양섭취, 성장, 생식에 더하여 민감한 지식, 본능 기능까지 한다. 하지만 인간의 '합리적 영혼'은 식물의 생장의 영혼(영양섭취, 성장, 생식), 동물의 감각의 영혼(민감한 지식, 본능 기능)에 더하여 이해와 의지의 기능까지 갖는 것이다.

### 1) 속성이원론을 증명하는 임상사례 : 한쪽공간무시(반쪽공간무시, unilateral or hemispatial neglect)

양쪽 눈에는 아무런 이상이 없지만 사물의 오른쪽 반만 볼 수 있다고 상상해 보라. 식사를 하고 있는 접시의 오른쪽 반만 보인다. 읽고 있는 책의 오른쪽 반만 보이기 때문에 문장의 가운데부터 읽기 시작한다. 아침에 일어나 셔츠의 오른쪽 팔만 입은 채 집을 나선다. 머리는 오른쪽만 빗고서. '왼쪽무시' 환자는 이러한 행동을 한다. 접시의 오른쪽 음식만 먹는다. 괴이하게 들릴지 모르지만 뇌의 오른쪽 부위에 손상을 입은 많은 뇌졸중 환자들에게 나타나는 증상이다. 위에 예를 든 행동들을 하면서도 이 환자들은 자신의 '괴이한 행동'을 알아차리지 못한다. 일종의 인지손상이다.

오른쪽 뇌에 뇌졸중이 일어나면 신체의 왼쪽 부분의 기능이 손상된다. 뇌에서 내려오는 대부분의 운동신경 축삭이 숨뇌부분에서 교차되어 반대쪽 척수로 내려가기 때문이다. 따라서 '오른쪽 뇌졸중 환자'의 25%는 어느 정도의 '왼쪽무시' 증상을 나타낸다.[12] 시각공간무시(visuospatial neglect) 뿐 아니라 정도의 차이는 있지만 이 환자들은 다

12) Anna M. Barrett et al., Cognitive Rehabilitation Interventions for Neglect and Related Disorders: Moving from Bench to Bedside in Stroke Patients. Journal of Cognitive Neuroscience 2006 18:7, 1223-1236

른 인지 소통 손상도 나타낸다. 어떤 환자들은 운동무시(motor neglect, 마비되지 않았음에도 불구하고 몸의 한쪽을 움직이지 아니함), 촉각무시(tactile neglect, 몸의 한쪽 부분의 감촉을 무시함), 청각무시(auditory neglect, 한쪽 공간의 소리를 무시함)와 같은 증상을 동반한다.

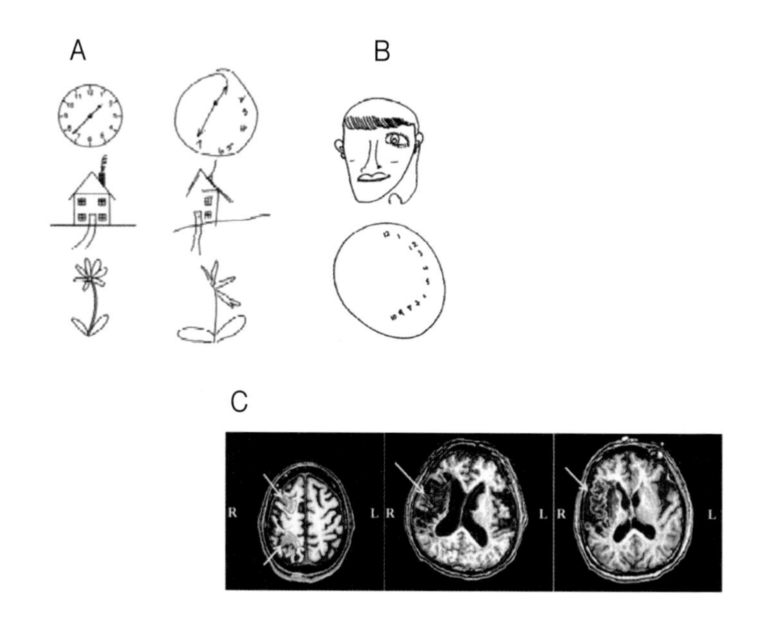


**[한쪽공간무시]**

A의 오른쪽 그림들은 왼쪽공간무시 환자가 왼쪽 물체를 보고 그린 그림이다. B는 스스로 생각해서 그린 자화상과 시계이다. 이 환자는 왼쪽 공간을 무시한다. C는 왼쪽 공간무시 환자들의 뇌영상이다. 화살표는 손상된 오른쪽 대뇌부위를 표시한다.

사진은 한쪽공간무시 환자가 그린 그림과 환자의 뇌영상이다. A의 오른쪽 그림들은 왼쪽 모델을 보고 환자가 그린 그림이고, B는 환자가 스스로 생각하며 그린 그림이다.[13] C는 '왼쪽무시 환자'들의 MRI 뇌영상이다.[14] 화살표는 손상된 부위를 표시한다(R, right. L, left). 왼쪽 MRI는 뒤두정엽(posterior parietal lobe)과 뒤전두엽(posterior frontal lobe), 가운데 MRI는 뒤전두엽, 측두엽(temporal loble), 측두-두정 연결부[temporo-parietal junction (TPJ)], 오른쪽 MRI는 아래전두엽(inferior frontal lobe) 및 측두엽에 손상을 입었음을 보여준다. 모두 오른쪽 뇌에 손상을 입었다.

이와 같이 '한쪽공간무시'라는 정신적 현상은 '오른쪽 뇌 손상'을 입은 환자들이 나타내는 증상이다. 뇌에서 정신현상이 생겨난다는 증거이다. 뇌의 기능은 뇌 속에 있는 뇌신경회로가 한다. 뇌신경회로의 활성은 근육으로 전달되어 운동으로 표현되든가 정신현상인 마음으로 나타난다. 한쪽공간무시 환자들의 경우 손상 받지 않은 쪽, 즉 기능이 온전한 대뇌반구에 맺힌 심적 장면(mental scene)만 묘사한다. 그 손상된 심적 장면이 근육을 통하여 '손상된' 그림으로 나타났다. 무시된 쪽

13) https://tactustherapy.com/what-is-left-neglect
14) Mizuno K, Tsuji T, Rossetti Y, Pisella L, Ohde H, Liu M. Early Visual Processing is Affected by Clinical Subtype in Patients with Unilateral Spatial Neglect: A Magnetoencephalography Study. Front Hum Neurosci. 2013, 7:432.

은 마음에 생성되지 않았다. 뇌가 손상을 받았기 때문에 마음을 생성할 뇌가 없다. 심적 장면의 손상은 외부환경에 있는 모델을 보고 그린 그림이든, 스스로 생각해서 그린 그림이든 상관없이 일어난다. 이러한 임상적 현상은 뇌(물질적 속성)가 마음(정신적 속성)을 만들었음을 보여주는 좋은 예이다. 뇌에는 물질이라는 속성과 마음이라는 속성이 공존한다. 두 속성이 공존한다는 속성이원론이다.

### 2) 속성이원론을 증명하는 실험들 : 보상중심(reward center)의 발견

1954년 캐나다 맥길대학(McGill University)의 올드(James Olds)와 그의 지도교수 밀너(Peter Milner)는 뇌에 보상중심(reward center)이 존재한다는 획기적 논문을 발표했다.[15] 우리는 기분을 좋게 하는 행동은 반복하고 싶어 한다. 또한 기분이 좋아지는 음식이나 약물은 더 먹고 싶어 한다. 이렇게 다시 반복하고 싶게 만드는 뇌의 구조 계통을 보상체계(reward system)라 한다. 뇌는 자신이 행한 어떤 행위에 보상을 주어 그 보상을 자꾸 받고 싶게 만든다는 것이다. 보상은 '기분 좋음, 쾌락' 즉 '즐거움' 이다.

술, 담배, 마약, 인터넷 게임, 성관계 등의 행위는 기분을 좋게 만들기

15) Olds J, Milner P. Positive reinforcement produced by electrical stimulation of septal area and other regions of rat brain. J Comp Physiol Psychol. 1954 Dec;47(6):419-27.

때문에 우리는 그러한 행동을 다시 하고자 한다. 기분을 좋게 만드는 것은 뇌에서 어떤 물질이 생성되었기 때문이다. 그런 보상에 관여하는 뇌의 체계를 보상체계, 중심이 되는 부위를 보상중심이라 한다. 심하면 중독에 빠지게 하는 뇌부위이다. 인간은 보상체계 덕분에 나쁜 습관에 중독되기도 하지만 어렵고 힘이 들더라도 어떤 행위를 하고자 하는 동기의식이 생기고 목표를 달성할 수 있게 된다. 또한 보상체계의 손상은 우울증과 같은 정서 장애, 사회성 장애 등의 원인이 되기도 한다.

Olds와 Milner의 실험을 살펴보자. 이들은 쥐의 뇌에 전극을 꼽아 놓고, 쥐가 스스로 전극을 자극할 수 있는 발판 스위치를 연결했다(아래 그림). 만약 쥐가 발판을 눌러 뇌를 자극하였을 때 기분이 좋으면 자꾸 발판을 누를 것이다. 이 실험 장치로 이들은 놀라운 사실을 발견했다. 뇌의 여러 부위에 전극을 옮겨가며 꼽고 쥐가 스스로 발판을 눌러 전기자극을 하는지 관찰하던 중 전극을 중격부위(septal area)에 꼽았을 때 쥐는 계속해서 발판 스위치를 밟는 것을 목격했다. 스스로 계속 중격부위에 전기자극을 가하는 것이었다.

왜 이런 행동을 반복할까? 전기자극은 뇌신경세포들을 활성화시킨다. 이 뇌부위 신경세포들의 활성화가 쥐 자신을 즐겁게 하기 때문이다. 전기를 꺼버리자 쥐들은 몇 번 더 발판을 누르다가 잠들어버렸다. 이 결과를 바탕으로 이들은 중격부위가 자극되면 '즐거움' 을 느끼는 것으로 결론짓고 "우리는 아마도 특정 행동에 보상효과를 유발하는 뇌의 체계 즉 보상체계(reward system)를 발견한 것 같다"라고 발표했다. 즉 어떤 행위를 한 결과가 '즐겁다'고 느끼는 뇌부위를 발견했다는 것이다. 이 실험 결과를 심신 문제에 비추어 보면, 물질인 뇌의 중격부위에서 '즐거움' 이라는 마음이 생성되었다고 말할 수 있다. 마음과 뇌의 관계를 설명하는 속성이원론을 증명하는 실험 결과이다.

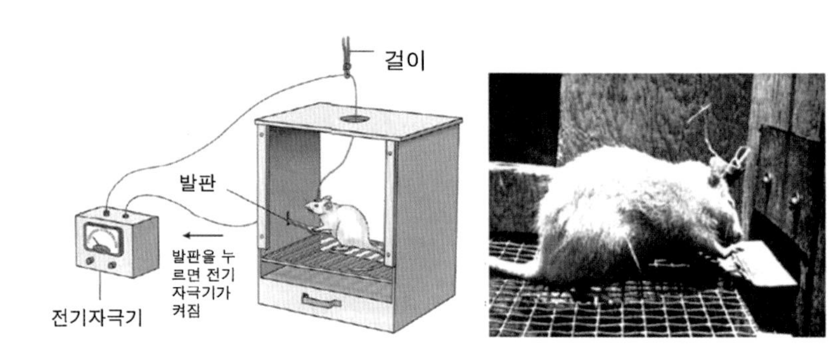


**[Olds와 Milner의 실험]**

캐나다 맥길대학의 올드와 밀너는 쥐의 뇌에 전극을 꽂아 스스로 자극할 수 있는 장치를 설치하였다. 쥐가 발판을 누르면 전기자극이 일어나게 하였다. 이들은 전극을 중격핵(septal nucleus)에 꽂았을 때 쥐가 스스로 자극을 계속함을 관찰하였다. 이 결과를 바탕으로 이들은 중격핵이 보상 중심이라고 주장하였다.

이들의 실험에서는 쥐가 발판을 밟아 전기적으로 중격부위를 자극했다. 하지만 다른 방법으로 이 부위가 자극되어도 마찬가지다. 사람의 경우 운동, 맛있는 음식, 기호식품, 성취감, 성관계, 인터넷 게임 등 즐거움을 유발하는 행위들은 중격부위를 활성화시킨다. 후에 연구자들은 중격 뿐 아니라 전뇌기저부(대뇌 앞쪽바닥부분)에 있는 중격의지핵(nucleus accumbens) 및 대상피질(cingulate cortex)도 뇌의 보상회로에 중요한 역할을 함을 알게 되었다. 그리고 도파민(dopamine)이 보상체계의 신경전달물질로 사용됨을 발견하고 이를 '쾌락화학물(pleasure chemical)'이라 했다.[16][17]

16) Kringelbach ML, Berridge KC. The functional neuroanatomy of pleasure and happiness. Discov Med. 2010 Jun;9(49):579-87.

17) https://en.wikipedia.org/wiki/Reward_system

## Box 1-3) 중격의지핵(nucleus accumbens): 쾌락중심

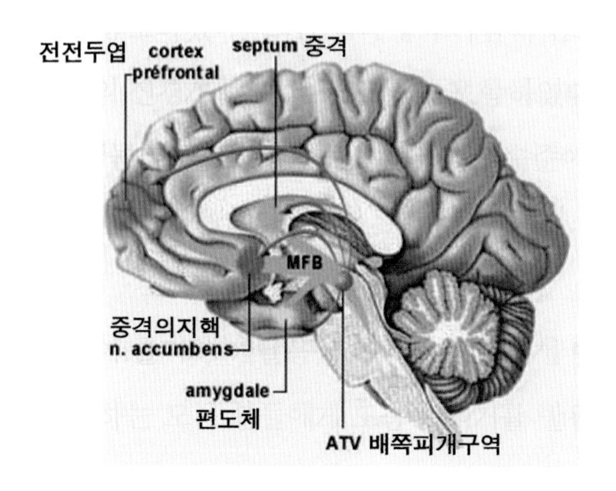


**[쾌락회로와 쾌락중심]**

기쁨을 주는 행위와 물질들은 배쪽피개구역 신경세포들을 자극하여 도파민을 분비하게 한다. 이 신경세포들의 축삭은 중격, 중격의지핵, 편도체, 전전두엽 등을 자극한다. 중격의지핵은 전전두엽을 비롯한 다른 핵들과 밀접하게 연결되어 쾌락중심역할을 한다. 중간뇌 - 시상하부 - 전뇌기저부 - 전전두엽을 연결하는 매우 잘 발달된 뇌신경로를 안쪽전뇌다발(medial forebrain bundle)이라 하며, 쾌락을 전달하는 경로이기 때문에 '쾌락 고속도로(hedonic highway)'라 불린다.

쾌락중심(pleasure centers, hedonic hotspots)은 쾌락 혹은 "좋아함(liking)"을 나타내는 보상체계의 가장 중심구조이다. Olds와 Milner의 실험으로 촉발된 보상체계에 대한 연구는 여기에 관여하는 여러 가지 뇌구조를 밝혀내었다. 결론적으로 설명하면, 즐거움을 유발하는 약물이나 행위들은 그 신경신호가 척수를 타고 중뇌(midbrain)에 있는 배쪽피개구역(ventral tegmental area, VTA)을 활성화시켜 도파민을 분비하게 한다. 이 도파민성 자극은 축삭을 통하여 중격, 편도체, 중격의지핵 및 전전두엽으로 전달된다. 이러한 구조들을 연결하며 신호를 전달하는 신경전달경로를 안쪽전두다발(medial forebrain bundle, MFB)이라 하는데 포유동물에서 잘 발달되어 있다.

보상체계에서 가장 중심이 되는 쾌락중심은 중격의지핵(nucleus accumbens)으로 알려져 있다. 그리고 위에서 언급한 여러 뇌구조 외에도 대뇌기저핵의 배쪽창백핵(ventral pallidum), 다리뇌의 팔곁핵(parabrachial nucleus of the pons), 뇌섬엽(insular cortex) 및 전두안와피질(orbitofrontal cortex) 등도 보상회로에 관여한다.[18] 강력한 황홀감(euphoria)을 느끼기 위하여는 보상체계 내에 있는 모든 쾌락중심을 동시에 활성시켜야 하는 것으로 믿어진다.[19] 이러한 연구의 결과들은 '쾌락'이라는 마음을 생성하는 물질적 근거가 있으며, 그것은 보상회로를 이루는 뇌구조임을 증명한다. 보상회로라는 신경구조에 물질적 속성과 쾌락이라는 정신적 속성이 존재한다. 속성이원론이다.

---

18) Berridge KC, Kringelbach ML. Pleasure systems in the brain. Neuron. May 2015;86(3):646-664. doi:10.1016/j.neuron.2015.02.018. PMID 25950633. Richard JM, Castro DC, Difeliceantonio AG, Robinson MJ, Berridge KC. Mapping brain circuits of reward and motivation: in the footsteps of Ann Kelley. Neurosci. Biobehav. Rev.. November 2013;37(9 Pt A):1919-1931.

19) Kringelbach ML, Berridge KC. The Joyful Mind. Scientific American. 2012 [Retrieved 17 January 2017]:44-45.

## 3. 에릭 칸델(Eric R. Kandel) 교수의 '마음과 뇌의 관계' 에 대한 관점 : 마음과 몸의 관계에 대한 5대원칙

2000년 노벨생리의학상을 수상한 에릭 칸델교수[20]는 심신문제에 대한 방점을 찍었다. 1996년 뉴욕 콜럼비아대학교의 뉴욕주립정신연구소(New York State Psychiatric Institute of Columbia) 설립 100주년 기념강연에서 같은 대학 신경생물학 및 행동 연구센터(Center for Neurobiology and Behavior) 소속의 에릭 칸델교수는 심리학도들에게 '모든 심리적 현상, 심지어 가장 복잡한 심리적 과정도 뇌의 작용에서 유래한다'고 강조했다. 이 관점의 핵심 교의(敎義, tenet)는 우리가 흔히 마음이라고 하는 것은 뇌가 행하는 일련의 기능이다 - All Functions of Mind Reflect Functions of Brain - 라는 것이다.[21] 그는 이 강연내용을 논문으로 정리하여 1998년 '심리학을 위한 새로운 지적체계(A new intellectual framework for psychiatry)'라는 논문으로 발표했다.[22] 이 논문에서 생물학자들이 생각하는 마음과 뇌의 관계에 대한 체계(framework)를 '5대 원칙(five principles)'으로 설명했다(Box 1-4).

---

20) Eric Kandel, 2000년 노벨 생리의학상(Nobel Prize in Physiology or Medicine) 수상

21) All mental processes, even the most complex psychological processes, derive from operations of the brain. The central tenet of this view is that what we commonly call mind is a range of functions carried out by the brain.

22) Eric Kandel. A New Intellectual Framework for Psychiatry. Am J Psychiatry 1998; 155:457-469.

### Eric Richard Kandel

Eric Richard Kandel (1929~)은 미국의 신경정신과 의사이며
뉴욕 콜롬비아 의과대학의 교수이다.
학습과 기억에 대한 연구로 2000년 노벨 생리의학상을 수상하였다.

Box 1-4) 에릭 칸델교수의 마음과 몸의 관계에 대한 5원칙
(Five principles about the relationship of mind to brain)

우리 생물학자가 현재 생각하고 있는 마음과 뇌의 상관관계에 대한 체계는 5대 원칙으로 간략히 종합할 수 있다.

원칙 1. 모든 정신 현상, 심지어 가장 복잡한 심리 과정도 뇌의 작용에서 유래한다.

원칙 2. 유전자와 그 단백질 산물은 뇌에서 신경세포들 사이의 상호연결 유형과 그 세세한 기능들을 결정하는 중요한 인자들이다.

원칙 3. 변형된 유전자 그 자체로는 특정 정신질환에 주어진 중요 변이들을 모두 설명하지 못한다.

원칙 4. 학습으로 유도된 유전자 표현의 변화는 신경연결의 패턴에 변화를 초래한다.

원칙 5. 정신치료 혹은 상담은 학습을 통하여 장기적 행동변화 효과를 나타낸다. 치료 · 상담 동안의 학습은 유전자 표현을 변화시켜 연접의 모양과 연결강도를 변화시키고, 이는 뇌신경세포들 사이 상호연결의 해부학적 패턴을 변경시킨다.

This framework can be summarized in five principles that constitute, in simplified form, the current thinking of biologists about the relationship of mind to brain.

Principle 1. All mental processes, even the most complex psychological processes, derive from operations of the brain.

Principle 2. Genes and their protein products are important determinants of the pattern of interconnections between neurons in the brain and the details of their functioning.

Principle 3. Altered genes do not, by themselves, explain all of the variance of a given major mental illness.

Principle 4. Alterations in gene expression induced by learning give rise to changes in patterns of neuronal connections.

Principle 5. Insofar as psychotherapy or counseling is effective and produces long-term changes in behavior, it presumably does so through learning, by producing changes in gene expression that alter the strength of synaptic connections and structural changes that alter the anatomical pattern of interconnections between nerve cells of the brain.

● 원칙2의 보충설명

칸델교수는 원칙2에서 '유전자와 그 단백질 산물은 뇌에서 신경세포들 사이의 상호연결유형과 그 세세한 기능들을 결정하는 중요한 인자들이다' 라고 설명한다. 이 원칙은 기억과 마음의 생성에 매우 중요한 내용으로 이 책을 이해하는데 결정적인 역할을 하기 때문에 좀 더 설명하고자 한다.

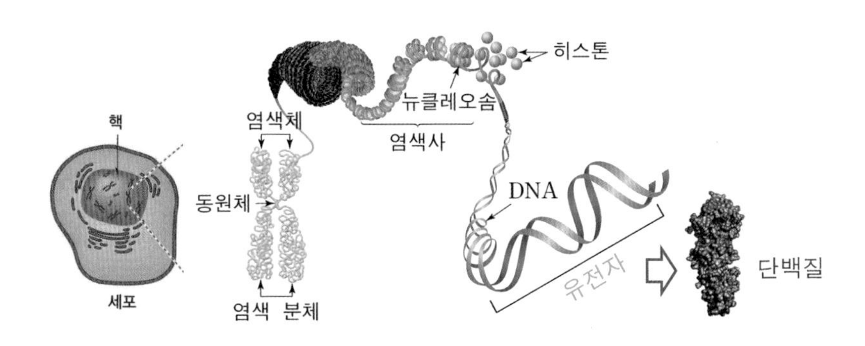


**[유전자의 표현]**

유전자에서 단백질이 합성되는 것을 유전자 표현이라 한다. 유전자는 DNA의 일부 구간이며, DNA는 히스톤단백질을 감고(히스톤과 감은 DNA를 뉴클레오솜이라 함) 꼬여서(꼬여 실모양으로 된 것을 염색사라 한다) 농축되어 염색체가 된다. 어머니와 아버지에서 받은 각각의 염색체(염색분체라 함)들은 동원체를 중심으로 합쳐져 핵에 존재한다.

세포의 핵에는 DNA가 있다. 핵에서 DNA는 히스톤(histone)이라는 단백질을 감고 있다. 히스톤-DNA가 함께 꼬이고 또 꼬여서 두껍게 보이는 것이 염색체이다. DNA 이중나선은 실 모양으로 매우 길다. 그 가운데 일정 구간은 유전자가 되고 유전자는 단백질을 만드는 기능을 한다.

한편 신경세포들은 서로 연결되어 신경회로를 만든다. 신경세포가 만나는 지점을 연접(시냅스, synapse)이라 한다. 신경회로에서 신호는 연접전 신경세포에서 축삭(axon)을 통하여 축삭말단(axon terminal)까지 오고, 연접을 통하여 연접후신경세포의 가지돌기(dendrite)로 넘어간다. 축삭말단과 가지돌기 사이 즉 두 신경세포를 잇는 연접의 중앙은 연접간극(synaptic cleft)이라 한다.

다음 쪽의 연접 그림에서 오른쪽은 연접의 전자현미경 사진이다. 진하게 보이는 부분들은 전부 단백질들을 나타내는데, 축삭말단에 있는 연접소포(synaptic vesicle), 축삭말단의 세포막, 그리고 연접후세포막에 단백질이 많이 모여 있음을 보여준다. 그리고 연접간극도 빈 공간이 아니라 연접전·후신경세포막을 이어주는 단백질들로 차 있음을 보여준다. 참고로 연접소포 속에는 신경전달물질(neurotransmitter)이 들어있다.

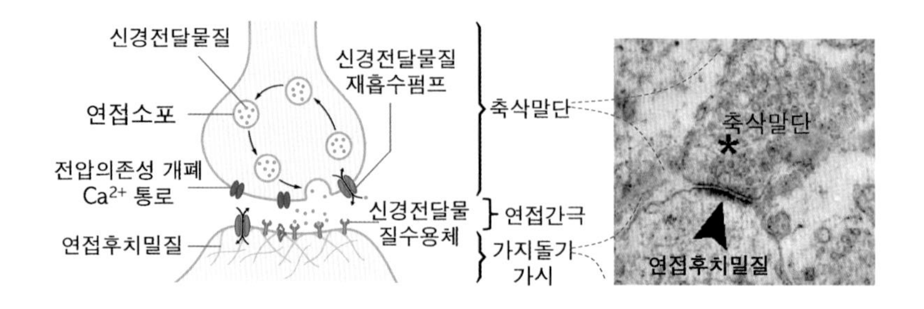


**[연접의 구조와 연접전달]**
연접은 축삭말단, 가지돌기가시 및 연접간극으로 구성된다. 축삭말단에는 신경전달물질을 담고 있는 연접소포가 있다. 활동전위가 연접말단에 도달하면 전압의존성으로 열리는 칼슘통로의 작용으로 연접소포가 축삭말단 세포막에 융합되어 신경전달물질이 연접간극으로 분비된다. 분비된 신경전달물질은 연접후세포막, 즉 가지돌기가시의 막에 있는 신경전달물질 수용체와 결합하여 신호를 전달한다. 분비된 여분의 신경전달물질들은 재흡수펌프에 의하여 연접말단으로 재흡수 된다(왼쪽그림). 오른쪽 전자현미경 사진은 뇌의 연접을 보여준다. 별표는 축삭말단, 화살표머리는 연접후치밀질을 가리킨다. 진하게 보이는 부분은 단백질이 많이 모인 부분이다.

'소포(小包)'는 작은 보따리라는 뜻이다. 그리고 연접후세포막 [연접을 이루는 가지돌기 혹은 가지돌기가시(dendritic spine)의 세포막] 에는 신경전달물질 수용체 (neurotransmitter receptor)와 여러 가지 신호전달 단백질들이 모여 있는데 이를 연접후치밀질(postsynaptic density, PSD)이라 한다.

이와 같이 연접은 여러 가지 단백질들로 만들어지며 어떤 단백질이 관여하느냐에 따라 그 연접의 세세한 기능이 결정된다. 한편 단백질은 유전자에서 만들어지기 때문에 칸델은 제2원칙에서 '유전자와 그 단백질 산물은 뇌에서 신경세포들 사이의 상호연결유형(즉 연접의 종류)과 그 세세한 기능들을 결정하는 중요한 인자들이다'라고 했다.

뇌에서 연접을 이루는 단백질들이 정상적으로 만들어지고 기능을 하여야 정상적인 정신활동을 한다. 예로서, 신경전달물질인 세로토닌(serotonin)은 기분 조절에 중요하게 작용하는데 연접단백질들의 이상으로 세로토닌의 분비가 부족하면 우울증에 걸린다. 한편 우울증 환자를 치료하기 위하여, 분비된 세로토닌이 연접에 더 오래 머물러 있도록 하는 전략을 쓴다. 정상적으로는 분비된 세로토닌은 재빨리 재흡수되어 그 역할이 끝나는데, 재흡수하는 단백질인 신경전달물질 수송단백질(neurotransmitter transporter)의 기능을 억제하면 재흡수가 줄어들고 세로토닌의 활성이 오래 지속될 수 있다. 이는 세로토인이 더 많이 분비된 것과 같은 효과를 주어 우울증 완화에 도움을 준다. 이와 같이 연접의 기능은 많은 단백질들에 의하여 정교하게 조절되기 때문에, 칸델은 '제2원칙' 에서 '정신활동의 변화는 연접의 세세한 조절에 기인한다' 고 하였다.

**[별바라기생쥐 'Stargazer']**
별바라기생쥐는 미국 잭슨실험실(Jackson Labarotary)연구소가 제작한 stargazin 유전자돌연변이 생쥐이다. stargazin은 신경전달물질수용체의 정상적인 작용에 필요하다. 간질 연구모델로 흔히 사용된다.

다른 예로 별바라기생쥐(stargazer)는 자주 머리를 들어 하늘을 바라보는 특이한 행동을 한다(위 사진). 이런 기이한 행동은 비정상적인 뇌신경회로에 근거하는데, 보다 더 구체적으로는 연접후치밀질(PSD)에 있는 stargazin이라는 단백질의 이상이 원인이다. stargazin 단백질을 만드는 유전자에 돌연변이가 일어나 연접에 이상이 생기고 더 나아가 신경회로의 이상을 초래한 것이다. 여기에서 더 자세한 설명은 생략하지만 연접에서 어떠한 이상이 생기는지도 알려져 있다. 하지만 전체 신경회로에 어떠한 이상이 생기는지는 알지 못한다. 신경회로는 매우 복잡하고 그것을 볼 수 있는 기술이 없기 때문이다. 그럼에도 불구하고 연접기능의 이상은 신경회로의 이상을 초래할 것은 분명하고, 신경회로의 이상은 행동의 이상을 초래하기 때문에 우리는 stargazin 유전자의 이상이 별바라기 행동을 초래하였다고 유추할 수 있다.

이러한 이유로 칸델교수는 원칙2에서 '유전자와 그 단백질 산물은 뇌에서 신경세포들 사이의 상호 연결 유형과 그 세세한 기능들을 결정하는 중요한 인자들이다'라고 한 것이다.

## 4. 신경회로와 마음의 창발(創發 emergence): 신경세포가 어떻게 마음을 생성하는가

### 1) 전체는 부분의 합보다 크다

어떤 집단은 그 구성원 각각의 특성만으로는 설명할 수 없는 전체로서 나타나는 새로운 현상을 나타낸다. 이를 '창발(創發)' 또는 '떠오름 현상'이라고 한다. 창발현상은 하위 계층(구성 요소)에는 없는 특성이나 행동이 상위 계층(전체 구조)에서 자발적으로 출현하는 현상으로, 이와 같이 불시에 솟아나는 특성을 창발성(emergent property) 또는 이머전스(emergence)라고도 부른다. 이 현상은 자기 조직화 현상, 복잡계 과학과 관련이 깊다.[23)]

예를 들어 암모니아는 수소와 질소가 합쳐져 만들어지는데, 그 냄새는 수소나 질소에서는 존재하지 않고, 두 원소가 합쳐졌을 때 나타나는 새로운 성질이다. 다른 예로 단백질을 보자. 단백질은 아미노산들이 연결된 사슬이다. 그러나 단백질은 아미노산이 갖지 않는 새로운 기능을 나타낸다. 예로서 젖당분해효소(lactase) 단백질은 소화효소인데, 젖당(lactose)을 포도당(글루코스 glucose)과 갈락토스(galac-

23) https://ko.wikipedia.org/wiki/창발

tose)로 분해한다. 젖당분해효소는 1023개의 아미노산이 연결되어 만들어진 단백질이다. 1023개의 아미노산이 각기 떨어져 있을 때는 젖당을 포도당과 갈락토스로 분해하는 효소기능이 없다. 하지만 아미노산들이 연결되면 효소가 되어 각각의 아미노산이 갖지 못하던 효소기능이 창발한다.

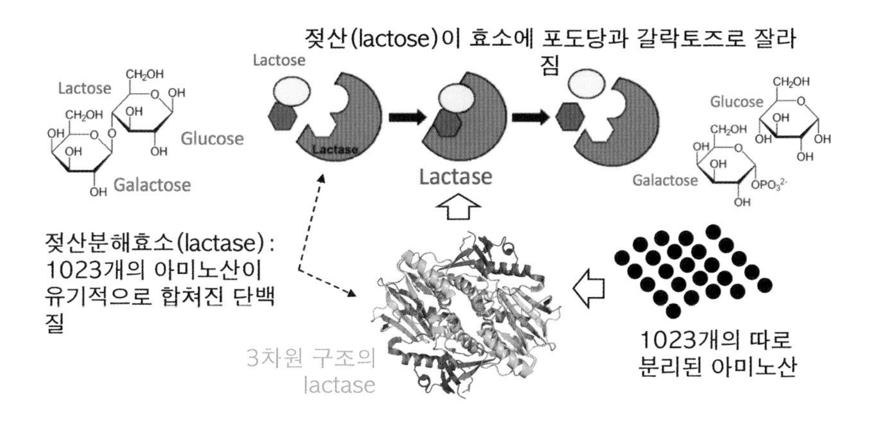


**[젖산분해효소(lactase)]**

젖산분해효소는 젖산(lactose)을 포도당(glucose)과 갈락토즈로 분해한다. 젖산분해효소는 1023개의 아미노산이 연결되어 3차원의 구조를 이룬 단백질이다. 같은 1023개의 아미노산이 따로 떨어져 있으면 효소활성이 없다.

2) 신경세포들은 모여서 신경회로를 이루고 신경회로는 마음을 창발한다.

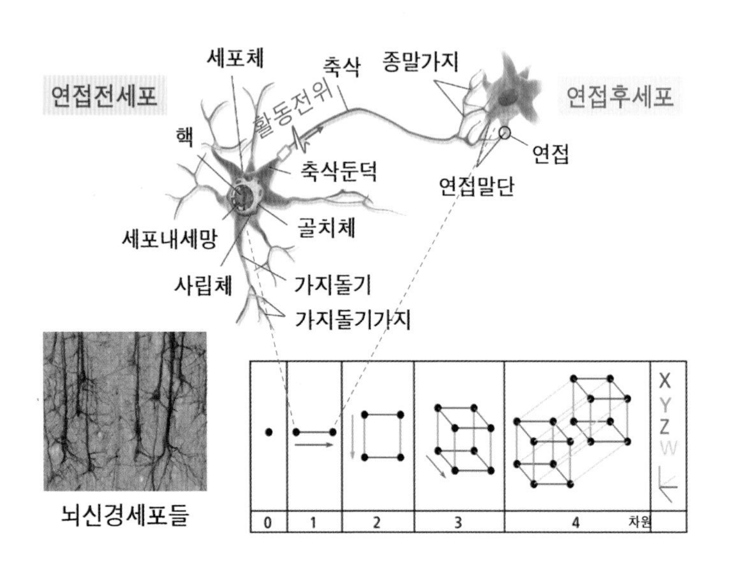


**[뇌신경회로의 차원]**

뇌조직의 신경세포들(왼쪽 그림)은 서로 연결되어 신경회로를 형성한다. 두 개의 신경세포가 1차원으로 서로 연결된 모습을 위의 그림에 표시하였다. 1차원 회로들은 서로 연결되어 2차원 회로를 만든다. 이들은 다시 연결되어 3차원 회로를 만들고, 이러한 과정은 반복되어 고차원의 회로를 만든다. 뇌는 적어도 11차원의 신경회로를 만드는 것으로 밝혀졌다.

조직(tissue)은 동일한 목표를 위하여 함께 작동하는 세포들의 모임이다. 조직들은 모여서 기관(organ)을 이룬다. 세포들이 모여서 혈관 조직을 이루고 혈관의 조직들은 모여서 혈관이라는 기관을 만든다. 혈관은 혈액을 운반하는 통로가 되고 혈액에서 인체 조직으로 영양분을 전달한다. 모두 세포 하나가 할 수 없는 기능이다. 콩팥의 세포들은 모여서 피를 거르고 오줌을 만든다. 콩팥의 세포 하나하나가 떨어져 있으면 할 수 없는 기능이다. 하지만 세포들이 유기적으로 모이면 세포 개개의 기능에는 없는 새로운 기능이 창발된다.

신경세포들은 그룹을 형성하여 서로 연결되고 질서정연한 신호를 주고받는 회로를 만든다. 이를 신경회로(neural circuit, neural network)라 한다. 다른 조직에서도 세포들이 그룹으로 작동하기는 하지만 회로를 만드는 조직은 신경조직이 유일하다. 특정한 연결과 그 속에 흐르는 신호는 새로운 의미를 갖게 된다. 개별 신경세포가 갖지 않는 새로운 기능이 창발한다는 뜻이다. 예로서 어떤 신경회로에 신호가 흐르면 우리는 기쁨을 느끼고, 다른 어떤 신경회로에 신호가 흐르면 슬픔을 느낀다. 신경세포 하나하나는 떨어져 있으면 슬픔, 기쁨을 느끼게 할 수 있는 능력이 없다. 하지만 합쳐져 회로를 만들어 그 사이에 전기신호가 흐르면 새로운 기능이 나타나는 것이다. 마음이 창발하는 것이다.

뇌는 상상을 초월하는 매우 복잡한 신경회로를 이룬다. 대뇌에 대략 1천억 개의 신경세포가 각기 평균 5천 개의 다른 신경세포와 연결되어 있다고 상상해보라. 그래서 뇌를 하나의 소우주라 한다. 어떤 방식으로 연결되어 어떤 모양의 연결 형태를 이루고 있는지는 아직 잘 모르지만 이 연결망에서 마음이 나온다. 신경회로에 신호(활동전위)가 흐르면 그 결과는 운동으로 나타나든가 정신활동으로 나타난다. 따라서 뇌신경망은 마음의 구조라 할 수 있는데, 뇌신경망의 작동방식은 근래에 와서야 조금씩 밝혀지고 있을 따름이다. 회로는 다른 회로와 연결되어 고차원회로를 만드는데, 최근의 연구는 뇌가 적어도 11차원적 정보처리를 한다고 한다.[24] 뇌신경회로의 구조가 마음의 구조이기 때문에 사람의 마음은 그만큼 복잡하다.

### 3) 뇌신경회로의 활동은 운동이나 정신활동(마음)으로 나타난다.

뇌신경회로는 뇌간과 척수 그리고 거기에 연결된 뇌신경과 척수신경을 통하여 우리 몸의 다른 부분과 연결되어 있다. 뇌로 들어오는 들신경(afferent nerve)을 통하여 감각정보를 받아들이고, 날신경(efferent nerve)을 통하여 뇌 밖으로 신호를 보낸다. 날신경은 근육이나 샘(gland)에 연결되어 근육을 움직이든지 샘을 자극하여 땀, 침, 호르몬 등을 분비하게 한다. 따라서 날신경은 운동신경으로 근육의 움직이나 샘의 활동을 유발한다.

뇌신경회로의 활성은 운동뿐 아니라 마음을 불러일으키기도 한다. 마음은 그 수준이 다양하다. 감정과 같이 겉으로 드러나는 낮은 수준이 있는가 하면, 판단, 결정, 창조와 같이 겉으로 드러나지 않고 마음

속에 남아있는 높은 수준도 있다. 겉으로 드러나는 기쁨, 슬픔과 같은 낮은 수준의 마음은 흔히 운동신경의 활동도 동반한다. 샘을 자극하여 기쁨의 눈물을 흘리고 근육을 자극하여 슬픈 얼굴 표정을 한다. 하지만 고차원적인 마음은 운동을 전혀 동반하지 않을 수 있다. 수학문제를 풀든가 논리적 결정을 하는 마음은 온전히 뇌 속에서 일어나는 신경회로의 활동이다. 한편 마음은 꼭 들신경에 의한 감각에만 의지하지 않는다. 뇌 속에서 시작하는 마음도 있다. '생각'이라는 마음이 그런 것들이다.

24) Reimann MW et al. (2017) Cliques of Neurons Bound into Cavities Provide a Missing Link between Structure and Function. Front Comput Neurosci. 11:48.

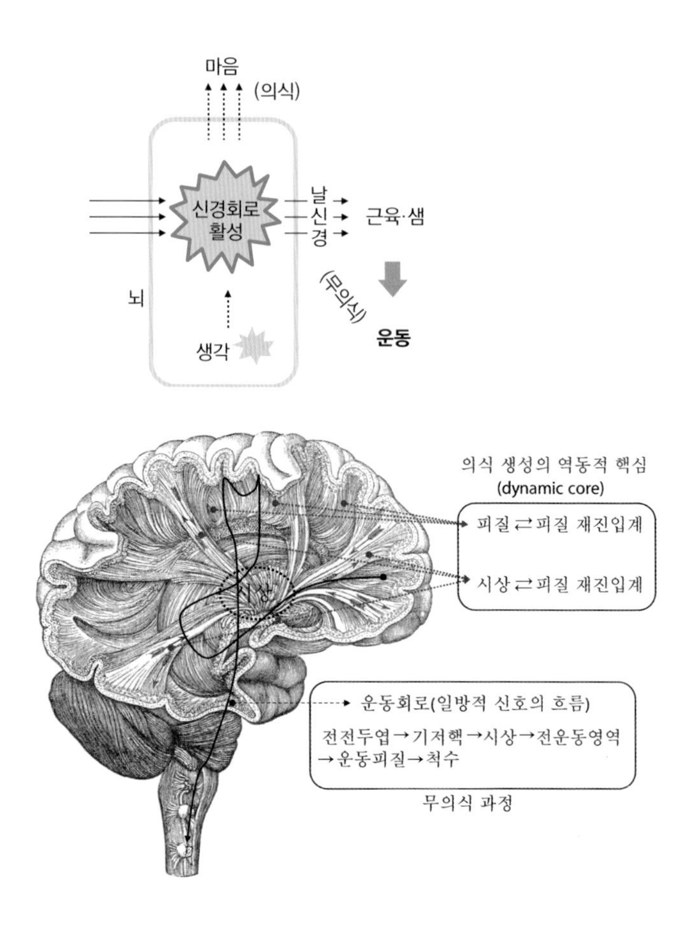


**[신경회로와 마음 · 운동의 관계]**

뇌의 신경회로는 감각(들신경)과 내인적 자극(생각, 느낌 등)에 의하여 활성화되고, 이는 마음 혹은 운동으로 표현된다. 운동은 날신경을 통하여 근육과 분비샘을 움직인 것이다. 마음은 시상피질계에 의한 의식적인 과정이고, 운동은 대뇌기저핵을 통한 무의식적인 과정이다.

위 그림은 마음과 운동에 대한 뇌신경회로 모식도이다. 위쪽 그림에서, 감각은 들신경을 통하여 뇌로 들어와 뇌신경회로를 활성 시키고, 그 결과는 날신경을 통하여 근육을 수축하여 운동을 일으키든가 샘을 자극하여 분비하게 한다.

뇌신경회로의 활동은 운동뿐 아니라 마음을 만든다. 마음은 꼭 근육을 통하여 표현될 필요는 없다. 전적으로 뇌 속에서 일어나는 나 자신과의 사적인 대화일 수도 있다. 그리고 마음은 외적 자극에 의해서가 아니라 뇌 자체(뇌 속)에서 시작할 수도 있다.

오른쪽 뇌 그림은 두 계통의 뇌신경회로를 보여준다.[25] 운동신경회로는 전전두엽 → 대뇌기저핵 → 시상 → 대뇌 1차 운동영역을 거치는 일방적 신호전달이다(화살표가 일방적임을 주목하라). 어떤 운동을 하고자 하는 의도가 전전두엽에서 일어나면 그다음은 무의식적 과정을 거쳐 순식간에 근육이 수축되어 운동이 일어난다. 즉, 운동이 일어나는 일련의 과정은 우리가 의식적으로 인지할 수없이 어느 한순간 획~ 일어나버린다.

반면에 시상피질계(thalamo-cortical system)는 의식(conscious-

25) Edelman, Gerald M. 저, Wider Than The Sky : The Phenomenal Gift Of Consciousness. Yale University Press (2005년 05월)에서 수정함.

ness) 속에 들어온다. 시상피질계는 시상-피질, 피질-피질을 연결하는 상호 주고받는(reentrant) 연결이다(양쪽방향의 화살표를 주목하라). 이 신경회로들의 활동은 의식에 들어와 마음을 생성한다. 뇌과학을 전공하지 않은 대부분의 독자들에게 이는 좀 이해하기 어려운 부분일 것이다. 예를 들어 설명하면 다음과 같다. 나비가 날아가는 것을 추적하는 장면을 생각하자. 의식에 들어오는 경우이다. 나비의 모습은 시간차를 두고 계속 시상으로 들어와 대뇌피질로 전달된다. 상호 주고받는 연결을 통하여 대뇌피질과 시상은 서로를 활성 시키며 입력 내용을 파악하고 우리의 주의는 이 상황에 집중한다. 나비의 모습이 어느 한순간 나타났다가 휙~ 사라지는 것이 아니라 시간이 흘러도 외부의 자극에 의식을 집중할 수 있다. 이 과정은 의식적이고 마음을 생성한다.

### 4) 자연에서 보는 창발의 예: 흰개미가 짓는 둔덕 - 집단지능이 탄생시킨 과학적 생활공간

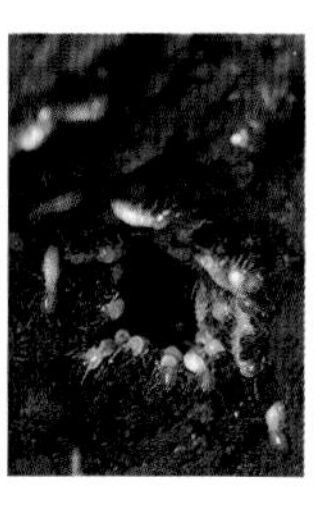

**[흰개미 둔덕]**

호주 노던 준주의 대성당 모양 둔덕(왼쪽). 한낮의 열기를 피하기 위해 북쪽-남쪽을 향하게 지어진 "컴퍼스", "자성" 흰개미(Amitermes)의 둥지들(가운데). 마다가스카르 아나라마조아트라 보존지구의 흰개미둔덕의 흰개미들(오른쪽).

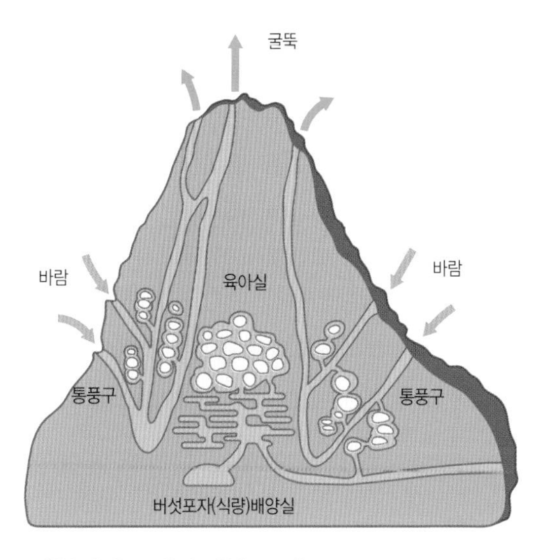


**[흰개미 둔덕의 내부구조]**

집단지능(集團知能, collective intelligence)이란 하위 수준(구성 요소)에 없는 지능이 상위 수준(전체 구조)에서 자발적으로 돌연히 출현하는 것이다. 다수의 개체들이 서로 협력 혹은 경쟁을 통하여 창발되는 결과이다. 인체에서, 원소 → 분자 → 아미노산 → 단백질 → 세포 → 조직 → 기관 → 개체로 집단을 이루면서 각각의 상위구조는 하위구조가 갖지 아니하는 새로운 기능을 창발한다. 개체가 모여 집단을 이루어 지능을 창발하는 집단지능을 자연계에서 찾아볼 수 있다. 흰개미가 짓는 둔덕이다. 흰개미 각각의 개체가 갖지 못하는 과학적 둥지건설 능력은 흰개미 집단의 집단지능의 예이다. 아래에 흰개미들의 집단지능을 소개한다.

개개의 개미는 둥지를 지을 만한 지능이 없다. 그럼에도 집단을 이루면 각각의 상호작용을 통해 거대한 지능적 탑을 쌓는다. 흰개미들은 진흙으로 거대한 둔덕을 짓는데 이 집에는 온도를 조절하는 정교한 냉난방 장치도 있다. 이러한 과학적 구조를 활용하여 자기들의 주요 양분 섭취 원료로 사용하는 곰팡이를 배양한다. 이 곰팡이는 정확히 30.6℃ 온도에서 배양된다. 이 때문에 흰개미들은 부지런히 매일 수많은 냉난방 통풍구를 열고 닫음으로써 공기 대류를 조정해 온도를 유지한다(아래 그림). 또한 사막의 예측 불가능한 환경에 살면서도 매일 아침 일꾼들을 갖가지 업무에 몇 마리씩 할당해야 할지 확실히 알고 있다.[26)]

흰개미(termite)는 사회성 곤충이다. 흰개미들은 대개 상당히 작아서, 길이가 4-15 mm 정도이다. 이들은 사회생활을 하며 왕, 여왕, 2차 여왕, 3차 여왕, 병정, 일꾼 등으로 구성된 계급제도를 갖추고 있다. 대부분의 흰개미는 장님이기 때문에, 의사소통은 주로 화학적, 물리적, 페로몬적[27] 신호를 통해 이루어진다. 이러한 의사소통 방법들은 먹이활동, 생식개체 탐지, 둥지 건설, 동료의 인지, 결혼비행, 전투, 둥지 방어 등의 다양한 활동에 사용된다.[28]

흰개미는 둥지를 건설할 때 간접적인 의사소통에 의존하는 집단지능을 발휘한다. 한 마리의 천재 흰개미가 있어 건설 프로젝트를 담당하지 않는다. Macrotermes 속에 속한 종들은 세상에서 제일 거대한 높이가 8-9미터에 이르는 굴뚝, 봉우리, 마루로 구성된 둥지를 짓는다. 사람으로 치면 500층 정도에 해당하는 높이이다.

---

26) [이인식 과학칼럼] 집단지능에는 빛과 그림자가 있다.
https://opinion.mk.co.kr/view.php?sc=30500205&year=2016&no=312106

27) 페로몬(pheromone)은 체외로 분비하여 같은 종(주로 곤충)의 동물끼리의 의사소통에 사용되는 화학물질이다. 천적에 대한 경보, 먹거리 존재, 짝 유인 등 행동과 생리를 조절하는 여러 종류의 페로몬이 존재한다. 덧붙여, 몇몇의 척추동물과 식물이 페로몬을 사용해 의사소통을 한다. [참조] https://ko.wikipedia.org/wiki/페로몬

28) http://www.wikiwand.com/ko/흰개미

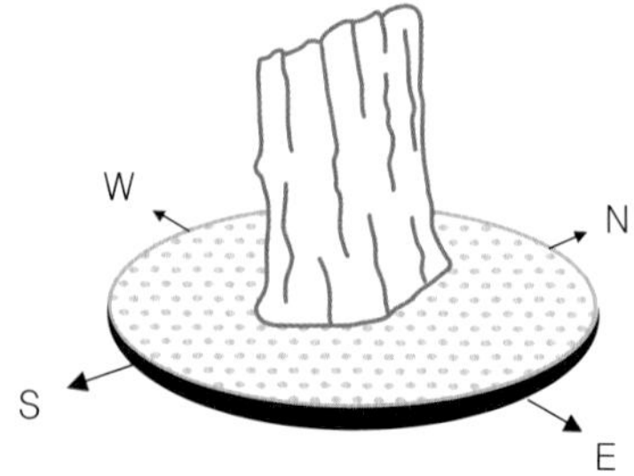


**[나침반흰개미의 둔덕]**

호주 북부지역의 나침반흰개미(compass termite; Amitermes meridionalis, A. laurensis)들은 길쭉한 쐐기 모양의 둥지를 건설하는데, 쐐기의 날 부분이 북쪽-남쪽을 가리켜서 나침반흰개미라는 이름이 붙었다(오른쪽 그림).

호주 북부지역의 나침반흰개미Amitermes meridionalis, A. laurensis 종류는 길쭉한 쐐기 모양의 둥지를 건설하는데, 쐐기의 날 부분이 북쪽-남쪽을 가리켜서 나침반흰개미(compass termites)라는 이름이 붙었다(그림 참조). 이러한 북쪽-남쪽 방향의 길쭉한 건축은 둔덕 내부의 온도를 아침에 빠르게 올라가게 하며 정오에는 지나치게 뜨거워지는 것을 막는다.[29] 따라서 둥지의 온도는 저녁까지 안정적으로 유지된다.

29) https://compasstermites-explained.weebly.com/compass-termites.html

신경계통도 집단지능을 창발한다. 신경세포 하나하나는 다른 일반 세포와 다를 바 없다. 각각의 신경세포는 마음을 만들지 못한다. 하지만 신경세포들이 연결되어 집단 유기체 즉 뇌신경회로를 형성하면 마음이 창발된다. 감각, 감정, 운동, 생각 등의 집단지능의 능력이 생긴다.

## 5. 초기불교에서 보는 마음

### 1) 육식(六識)과 오온(五蘊)은 마음의 창발과정에 대한 고타마의 속성이원론적 통찰이다.

초기불교에서는 마음을 육식과 오온으로 설명했다. 육식은 여섯 가지 인식대상[六境: 色·聲·香·味·觸·法]을 아는 것으로 이는 육경이 육근(六根)과 만나서 일어난다. '마음은 단지 대상을 아는 것이다'라고 했다. 인식대상이 감각기관을 통하여 일으킨 뇌활성이 마음이라는 것이다. 뇌에서 마음이 일어난다는 마음과 몸의 속성이원론이다. 뇌는 마음의 속성과 몸의 속성을 갖는다는 뜻이다.

또한 '나는 누구인가'라는 질문에 대한 답으로 붓다는 '오온'이라고 하였다. 나는 인식대상을 수용하는 몸(색온), 대상을 만나면 나타나는 느낌(수온), 대상에 대한 과거의 지식인 상온(인식, 앎), 대상이 불러일으키는 행동의지인 행온(의지), 그리고 그것이 무엇이라고 분별하는 식온(마음)의 다섯 가지 무더기라는 것이다. 이와 같이 오온은 대상을 만났을 때 나의 뇌 속에서 일어나는 일련의 마음 생성과정을 설명한 것이다. 물론 오온은 붓다가 간파한 '나'를 이루는 다섯 가지 요소이다. 하지만 뇌과학적 측면에서 보면 뇌에서 마음이 일어난다는 속성이원론을 내포하고 있다.

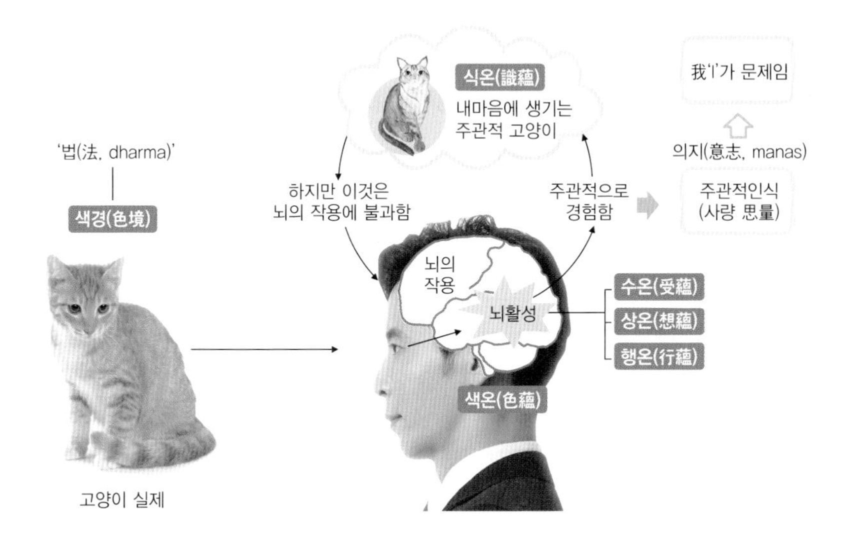


[불교의 인간관]

불교에서는 '나'를 오온으로 이해한다. 색경을 포함한 모든 법은 나의 뇌활성을 일으켜 수온, 상온, 행온, 식온을 만든다. 세상 밖의 법은 내 마음에 주관적으로 느끼는 마음일 따름이다. 사람은 사량(생각)하는 특질이 있기 때문에 마음은 나의 '의지(意志, manas)'에 따라 달라진다. '의지'의 주인인 '我(I)'가 관건이다. 이와 같이 불교는 '의지'를 인간만이 갖는 특이한 성질(특질)로 보았다.

붓다는 더 나아가 마음이 일어나는 과정을 인연생기(因緣生起)로 설명했다. 육경이 육근과 만나는 인연에 의하여 육식이 일어난다(생기). '나' 또한 다섯 가지 요소[五蘊: 色·受·想·行·識]가 인연이 되어 생성된 존재이다. 五蘊은 인지대상을 내 몸[色蘊]이 만나면 受蘊·想蘊·行蘊을 유발하고 그것이 무엇임을 아는[識蘊] 마음의 창발과정이다.

예를 들어 고양이를 보면 생기는 마음을 보자. 고양이의 모양, 소리, 냄새 등이 감각기관을 통하여 나의 뇌 속에 들어와 뇌신경세포를 흔들어(활성화시켜) 고양이에 대한 느낌, 귀여움 등의 마음을 창발한다. 고양이에 대한 色·聲·香·味·觸·法이 마음작용[受·想·行]을 거쳐 결과적으로 고양이에 대한 나의 마음[識)]이 생성된 것이다. '뇌'라는 물질에서 '마음'이 생성되었다. 즉, 뇌는 물질의 속성과 마음의 속성을 동시에 지닌다. '속성이원론'이다.

### 2) 초기불교에서는 心·意·識을 동의어로 이해했다

낮은 수준과 높은 수준의 마음이 있다고 했다. 주변 환경에 반응하여 생성되는 마음, 즉 외부인식에 의한 마음은 낮은 수준의 마음으로 볼 수 있다. 이런 마음을 '식(識 vijñāna)'이라 한다. 어떤 대상을 보거나 소리를 들으면 생기는 마음이다.

사람에는 주관적으로 '생각(意, manas)'하는 마음도 있다. 사람은 주변 환경에 단순반응하여 '식(識)'을 하지 않는다. 대상을 만나면 '식'이 생겨나는 과정에 나의 생각, 주관, 의지를 더한다. 마음의 이런 측면을 '意'라고 한다. '意'가 있기 때문에 나의 생각이 들어간 주관적 사물인식을 한다. 또한 나에 대한 자서전적 생각을 한다. 나는 누구이며 어디에서 와서 어디로 가는가 생각하는 기능이다. '주관적 나'를 만드는 마음이다. '의'는 태어나 자라면서 점점 더 강해진다. 단순히 '識'에 따르지 않고 나만의 고집을 생기게 하는 마음이다. 이는 인간만이 갖는 특질이다. 생각(意, manas)은 자아를 생성하는 유익한 면도 있지만 대상을 주관적으로 왜곡하고 집착하는 나쁜 마음의 근원이기도 하다.

우리에게는 의식되는 마음뿐 아니라 무의식의 범주에 머무는 마음도 있다. 태어나 세상을 살면서 습득하는 정보는 거의 대부분 무의식에 저장된다. 나의 무의식은 내 마음의 기본적 지형도를 그린다. 나는 의식적 기억정보도 갖는다. 의식 및 무의식 정보를 기반으로 '識'과 '意'도 생성된다. 내가 갖는 의식적 무의식적 정보는 '식'과 '의'를 포함하여 나의 모든 마음의 원천이 된다. 마음에서 '識'과 '意'를 제외한 모든 마음을 심(心, citta)이라 한다. '심'은 여러 가지 마음정보들을 모아서 불러일으키는 마음[集起]이다. 뇌과학적으로 보면 '識' 및 '意'의 뇌부위가 있다. '心'의 뇌는 뇌 전체라 보면 된다.

초기불교에서는 心·意·識을 동일한 것으로 보았다. 마음을 작용하는 측면에 따라 각각 달리 부른 것일 뿐 그 실체는 하나[심체일설(心體一說)]라고 주장한 것이다. 뇌과학적으로 보면 이는 뇌의 기능을 하나로 보았다는 뜻이다. 心·意·識을 불러일으키는 각기의 뇌가 있는 것이 아니라 뇌 전체가 心·意·識 기능을 한다는 것이다. 부파불교에서는 識蘊이 생성되기 위한 인식 과정을 매우 깊게 분석했다. 그래도 초기불교와 마찬가지로 心·意·識을 동일한 것으로 보았다. 훗날 유식불교에서는 心·意·識을 제8식, 제7식, 제6식으로 서로 다르게 보았다. 뇌과학적으로 보면 心·意·識을 나타내는 뇌부위가 각기 따로 존재한다는 것이다. 물론 그렇게 설명하지는 않았지만 뇌기능에 대한 놀라운 통찰이다.

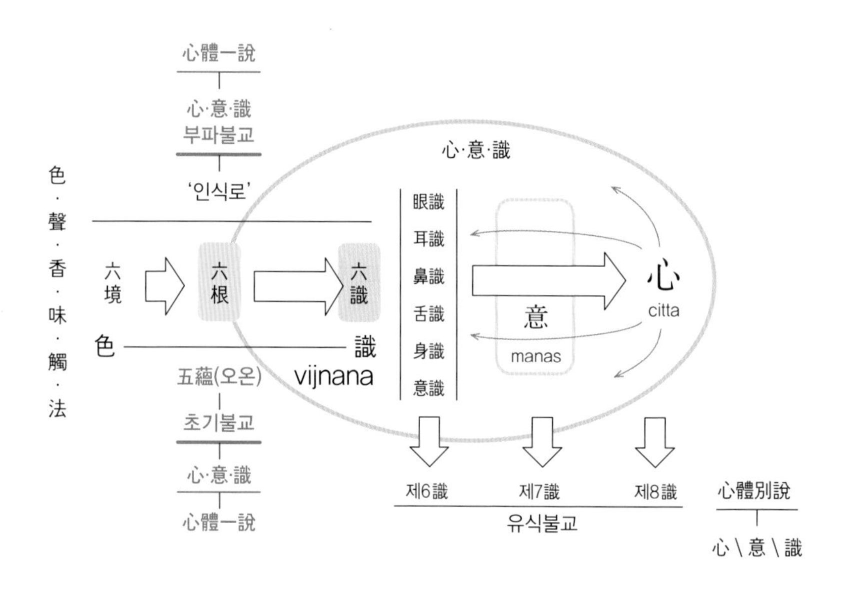


**[불교에서 보는 마음]**

초기불교에서는 모든 존재는 십팔계(육경·육근·육식)에 속하고, '나'는 오온으로 이루어진다고 보았다. 마음의 육식적 측면을 강조하였으며, 대상이 무엇인지 아는 육식뿐 아니라 마음에는 생각하고(의, manas) 종합하는(심, citta) 기능도 있지만 그래도 마음은 하나로 보았다(심체일설). 부파불교에서는 마음을 심왕으로, 마음요소들을 심소라 하였다. 마음이 생성되는 과정 즉 인식과정을 깊게 연구하였지만(인식론), 초기불교와 같이 심의식을 하나의 마음으로 보았다(심체일설). 훗날 유식불교에서는 심의식을 각각 다른 마음 즉 제6식(의식), 제7식(말나식), 제8식(아뢰야식)으로 분리하여 각기 다른 마음으로 보았다(심체별설).

### 3) 心·意·識의 뇌과학

마음은 뇌에서 나오기 때문에, 마음에 心·意·識 3가지 측면이 있다는 것은 뇌에 이런 3가지 기능이 있음을 의미한다. 이 3가지 기능은 각기 다른 뇌부위가 중심이 되어 나타내는 마음이다. 識은 1차 감각피질과 중앙관리신경망(central execution network), 意는 기본모드신경망(default mode network), 그리고 心은 뇌 전체의 신경망으로 정보를 종합하고 마음을 불러일으키는 기능이라 볼 수 있다.

제2장

# 五蘊의 뇌과학

"비구들이여, 그러면 어떤 것이 다섯 가지 무더기인가? 비구들이여, 그것이 어떠한 물질이건 - 그것이 과거의 것이건 미래의 것이건 현재의 것이건 안의 것이건 밖의 것이건 거칠건 미세하건 저열하건 수승하건 멀리 있건 가까이 있건 - 이를 일러 물질의 무더기[色蘊]라 한다.

그것이 어떠한 느낌이건 … 이를 일러 느낌의 무더기[受蘊]라 한다. 그것이 어떠한 인식이건 … 이를 일러 인식의 무더기[想蘊]라 한다. 그것이 어떠한 심리현상이건 … 이를 일러 심리현상의 무더기[行蘊]이라 한다. 그것이 어떠한 알음알이[識]이건 … 이를 일러 알음알이의 무더기[識蘊]이라 한다. 비구들이여, 이를 일러 다섯 가지 무더기라 한다."

[상윳따 니까야]
무더기 경(S22:48)[30]

---

30) 각묵스님, 2009. 상윳따 니까야 3권 p.194~196

## 1. 오온(五蘊)이란?

### 1) '나'라는 존재는 '오온(五蘊 panca-kkhandha, five aggregates)'으로 이루어진다.

'나는 누구인가'라는 질문에 초기경전의 여러 곳에서 붓다는 간단명료하게 '나는 '오온(五蘊)'이라고 했다. '나'라는 존재는 물질(몸, 色), 느낌(受), 인식(앎, 想), 심리현상들(의지, 行), 알음알이(분별, 識)의 다섯 가지 무더기(蘊)가 모인 것일 뿐이라는 것이다.

오온(五蘊)

**'나'를 구성하는 다섯 가지 무더기**

색(色) • 수(受) • 상(想) • 행(行) • 식(識)

- 오온은 5가지 무더기(구성요소)라는 뜻이다.

- 色蘊: 물질, 변화하는 물체(forms)의 무더기
- 受蘊: 느낌의 무더기(feelings, sensation)
- 想蘊: 인식의 무더기(perceptions)
- 行蘊: 심리현상들의 무더기(mental formations, volition)
- 識蘊: 대상에 대한 분별, 알음알이의 무더기(consciousness)

삶의 현장에서 조금 물러나 있으면 우리는 '나는 누구인가'라고 스스로 묻는다. 나는 어디에서 왔으며 무엇이길래 기뻐하고 슬퍼하며 생로병사를 살아가는가. 과거와 미래는 차치하고 현재의 나에 대한 정체성(identity)이 궁금하다. 특히 괴로움의 측면에서 '나는 무엇이길래 괴로움을 안고 살아야 하는가'라는 의문은 누구나 갖는 나의 정체성에 대한 근원적 질문이다. 나의 정체성을 어떻게 정의하느냐에 따라 이 질문에 대한 답이 달라질 수 있기 때문이다. 붓다는 五蘊이라고 답하였다. 五蘊은 '나의 정체성'을 이루고 있는 다섯 가지 '무더기'라는 뜻이다. 쉽게 말하면 '나는 5가지 요소로 되어 있다'는 뜻이다.

그 다섯 가지는 色蘊(몸, 물질), 受蘊(느낌), 想蘊(인식, 앎), 行蘊(심리현상, 의지), 識蘊(분별하는 마음, 의식)이다. 나의 몸(색온)이 있어 내가 존재함은 자명하다. 그 다음 중요한 요소를 붓다는 마음(식온)으로 보았다. 살아있음은 몸뿐 아니라 마음이 활동하고 있다는 것이다. 마음은 의식이다. 살아있는 나(색온)는 의식(식온)이 있다. 의식은 어디에서 오는가? 붓다는 대상을 인식함으로써 의식(마음)이 생긴다고 보았다. 인식대상은 여섯 가지[六境; 색성향미촉법(色聲香味觸法)]가 있다. 이 여섯 가지 인식대상은 각각에 대한 감각기관[六根; 안이비설신의(眼耳鼻舌身意)]이 받아들여 내 마음에 상(想, 이미지)을 맺는다. 육경은 물질임으로 물질을 내 마음에 담을 수 없다. 내 마음에 담기는 것은 비물질적인 想(이미지)이다. 이 상을 맺게 하는 것을 마음거울이다 한다. 역으로 상은 마음거울에 맺힌다. 마음거울은 마음을 만드는 뇌의 기능이다. 즉 뇌는 육경을 받아들여 여섯 가지 상을 맺는다. 그 상을 식(識)이라 한다. 육경에 대한 육식(六識)이 생기는 것이다.

마음거울에 상[六識]이 맺히면 그 상에 대한 느낌[受蘊]이 일어나고, 그 상이 무엇인지 앎[想蘊]이 일어난다. 느낌과 앎이 생성되면 그것에 따라 대응하고자 하는 욕구(심리현상)가 일어난다. 그것은 마음을 생성하기 위한 욕구일 수도 있고 행동을 유발하기 위한 욕구일 수도 있다. 이러한 다양한 욕구(혹은 의지, 심리현상)를 行蘊이라 한다. 느낌(수온)과 상온(앎, 인식)과 행온(심리현상)은 궁극적으로 식온(마음, 의식)을 생성한다. 이렇게 '나'는 내 몸(색온)에 일어나는 느낌(수온), 인식(상온), 의지(행온), 마음(식온)이라고 붓다는 정의하였다. 그런데 나를 이루는 오온은 항상 변한다. 내 몸뚱이(색)는 시간에 따라 끊임없이 달라진다. 길게는 생로병사를 겪고, 짧은 시간 동안에도 늘 변하고 있다. 한순간도 동일한 나의 몸뚱이는 없다. 인식대상 또한 항상 달라지고 이에 따른 수·상·행·식도 시시각각 변한다. '나'는 끊임없이 변화하기 때문에 '이것이 나이다'라고 주장할만한 '나'는 없다. 붓다는 '나'를 이렇게 정의하였다.

## Box 2-1) 살모사를 만난 '나'의 五蘊

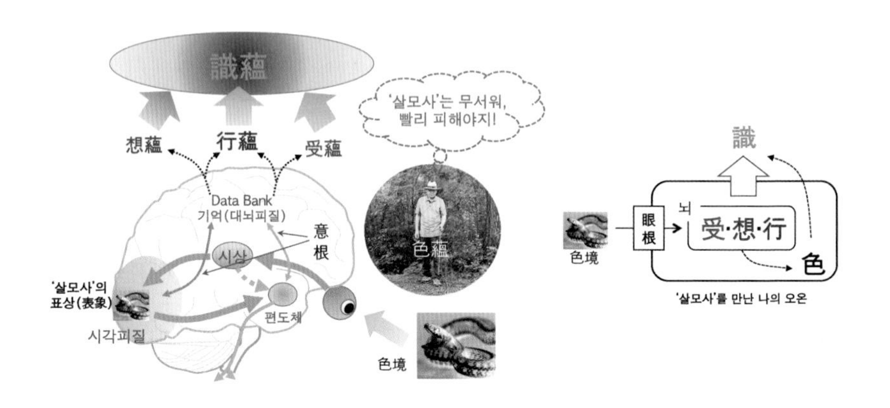


### [살모사를 만난 '나'의 오온]

산길을 가다가 살모사를 만난 경우를 나타내었다. 살모사(색경)를 만난 '나'의 몸뚱이는 색온이다. 색온의 안근을 통하여 살모사의 모습이 시상에 전달되고, 여기에서 두 갈래로 신호가 간다. 편도체로 가는 신호는 편도체에 저장된 감정에 대한 정보를 바탕으로 '무섭다'는 느낌[수온]을 유발하고, 시각피질로 전달된 정보는 대뇌피질에 저장된 기억을 바탕으로 살모사를 떠올린다[상온]. 수온과 상온은 '피할까, 맞서 싸울까'와 같은 심리현상[행온]을 불러일으킨다. 이 모든 반응은 궁극적으로 내 몸과 마음에 '저것은 무서운 살모사이니 얼른 피하자'라는 분별[식온]을 하게 된다. 이것이 살모사를 만난 나의 오온이다. 다섯 가지로 나누어 보면 나의 몸에 떠오르는 무서운 느낌, 살모사의 모습, 피해야지 하는 의지, 그리고 이 반응들이 만드는 마음의 합이 '나'이다.

오온(蘊, 무더기, kkhandha)은 '나는 무엇인가'라는 질문에 대한 붓다의 답이다. '나'는 물질의 무더기[色蘊], 느낌의 무더기[受蘊], 인식의 무더기[想蘊], 심리현상들의 무더기[行蘊], 그리고 알음알이의 무더기[識蘊]로 되어 있다고 붓다는 설명한다.

왼쪽 그림은 살모사를 비유하여 '나'의 오온을 설명한다. '나'가 산길을 가다가 살모사를 만났다. '살모사'라는 인식대상[색경(色境)]을 접하면 안근을 통하여 그 모습이 뇌로 들어온다. 뇌를 포함한 나의 몸뚱이가 '色蘊'이다. 몸은 나를 이루는 가장 기본적인 구성요소(무더기)가 된다. 그다음 요소들은 색온(즉 나의 몸)에 쌓인다.

망막에 맺힌 살모사의 상은 시상에 전달되고, 여기에서 두 갈래로 신호가 펼쳐진다. 편도체로는 대략적인 모습만 파악하여 빠르게 전달된다. 따라서 편도체로 가는 신호가 시각피질로 가는 정보에 비하여, 상세한 모습은 아니지만 상대적으로 빠르게 전달된다. 편도체는 '살모사는 무서운 동물'이라는 느낌 정보를 저장하고 있기 때문에 '살모사는 무섭다'라고 느낀다. 受蘊이다. 이 느낌(감정)은 편도체에 저장된 살모사에 대한 기존의 정보를 참조한 결과이다. '무섭다'라는 느낌은 빠르게 시상하부(hypothalamus) → 뇌하수체(pituitary gland) → 부신피질(adrenal cortex)로 전달되어 몸이 얼어붙거나(freezing), 도망가거나(fleeing), 상대하여 싸우거나(fighting)를 선택하게 된다. 스트레스 호르몬이 분비되어 안색은 하얗게 되고, 혈압이 올라가고, 심박과 호흡이 빨라진다. 소위 '맞붙어 싸울거냐 아니면 도망갈거냐(fight-or-flight)' 반응이다.

한편 시상에서 시각피질로 전달된 정보는 살모사에 대한 표상(percept) 즉, 안식을 만든다. 표상은 대뇌에 저장된 데이터베이스와 대조하여 가장 가까운 상을 떠올리게 한다. 想蘊이다. '살모사' 라고 아는 상온과 '무섭다'라는 느낌의 수온은 '빨리 피할까', '막대기로 쫓아버릴까', 아니면 '살모사가 지나갈 때까지 조용히 기다릴까' 등등의 다양한 심리현상을 불러일으킨다. 行蘊이다. 이 의지적 심리현상은 대뇌 전두엽에 저장된 소위 '행동요령원칙'을 참조한 결과이다. '뱀(살모사)은 위험하니 도망가는 것이 상책'이라는 행동요령원칙을 우리는 가지고 있다.

한편 수온으로 무서움을 알음알이하고, 상온으로 살모사임을 알음알이하고, 행온으로 도망가자는 의지를 알음알이한다. 識蘊이다. 합하면 '저것은 살모사이고, 살모사는 무서우니 피해야겠다'라고 분별하는 識蘊(의식)이 된다. 이 다섯 가지가 살모사를 만난 '나'의 오온이다. 살모사를 만난 순간의 '나'는 이러한 오온으로 이루어져 있다. 살모사가 지나가거나, 피하고 난 후의 '나'는 다른 모습의 오온으로 되어 있을 것이다. 나의 色蘊, 受蘊, 想蘊, 行蘊, 識蘊이 달라졌기 때문이다. 이처럼 '나'는 수시로 달라지는 다섯 가지의 무더기일 따름이다.

### (1) 색온(色蘊)

- 산스크리트어: rūpa-skandha
- 팔리어: rūpa-kkhandha
- 영어: aggregates of form, aggregates of matter

色蘊은 나의 몸, 육체이다. '나'를 이루는 물질적 요소(무더기)이다. 붓다 당시에는 물질은 4대종(四大種: 4대 원소, Four primary elements)과 4대 소조색(四大所造色: 4대종으로 만들어진 색)으로 되어 있다고 보았다. 4대종은 지(地)·수(水)·화(火)·풍(風)이고, 소조색은 四大種에서 파생된 모든 물질(色法)을 통칭한다.[31]

"비구들이여, 그러면 왜 물질이라고 부르는가? 변형(變形)된다고 해서 물질이라 한다. 그러면 무엇에 의해서 변형되는가? 차가움에 의해서도 변형되고, 더움에 의해서도 변형되고, 배고픔에 의해서도 변형되고, 목마름에 의해서도 변형되고, 파리, 모기, 바람, 햇빛, 파충류들에 의해서도 변형된다. 비구들이여, 이처럼 변형된다고 해서 물질이라 한다."

[상윳따 니까야]
삼켜버림 경(S22:79, §4)

31) https://ko.wikipedia.org/wiki/소조색

색(色 rūpa)은 외적 상황에 의하여 영향받는 모든 것을 의미하며, 물질로 만들어진다. '나'의 몸뚱이도 여러 가지 외적 상황에 영향을 받는 색 즉 물질(matter)이다. 색으로 된 나의 몸뚱이는 차가움과 뜨거움, 배고픔과 목마름, 모기나 뱀과 같은 외적 상황에 의하여 변형된다. 그런데 색온은 단지 물질로 이루어진 몸뚱이를 의미하는 것이 아니라 나의 몸을 이루는 물질에 대한 주관적 경험을 의미한다. 말이 좀 어렵다. 쉽게 설명하면, 어느 한 찰나에서 본다면 그 찰나에 나를 구성하는 단순한 물질적 측면이 아니라, 그 찰나에서 대상을 인식하고 있는 나의 주관적 몸뚱이가 색온이라는 것이다.[32] 그런 주관적 몸뚱이는 눈, 귀, 코, 혀, 몸체이다.

### (2) 수온(受蘊)

- 산스크리트어: vedanā-skandhāh
- 팔리어: vedanā-kkhandha
- 영어: aggregates of sensation, aggregates of feeling

---

32) 아날요 스님 저 Satipaṭṭhāna. 깨달음에 이르는 알아차림 명상 수행. 이필원, 강향숙, 류현정 공역. p.223, 명상상담연구원. 2004

受蘊은 마음의 여러 작용 중 감수작용(感受作用)과 그 세력, 즉 느낌(feeling)의 무더기를 뜻한다. 느낌의 대상은 前五境(색성향미촉)을 통한 물질에 대한 느낌뿐 아니라, 法境 즉 정신적 대상을 느끼는 것도 포함한다. 수온은 想蘊 및 行蘊과 함께 마음 작용 중의 하나이다. '마음'을 만드는 과정의 세력이라는 뜻이다. 느낌의 마음 작용이 커져 의근에 포섭되면 수온이 된다. 느끼는 감정은 괴로운 느낌[苦受], 즐거운 느낌[樂受], 괴롭지도 즐겁지도 않은 느낌[捨受, 不苦不樂受]으로 나눈다.

느낌이란 무엇인가

"비구들이여, 그러면 왜 느낌이라고 부르는가? 느낀다고 해서 느낌이라 한다. 그러면 무엇을 느끼는가? 즐거움도 느끼고 괴로움도 느끼고 괴롭지도 즐겁지도 않은 것도 느낀다. 비구들이여, 이처럼 느낀다고 해서 느낌이라 한다."

[상윳따 니까야]
삼켜버림 경(S22:79, §5)

① 受蘊의 뇌과학 : 수온은 편도체(amygdala)가 중심이 되는 둘레계통 (limbic system)의 작용이다

위 사진을 보면 화창하고, 아름답고, 시큼하고, 답답하고, 무서운 등의 느낌이 생겨난다. 受蘊은 이러한 '감수작용(感受作用)과 그 세력'이다. 여기서 '세력' 은 감수작용에 관련된 심리 작용을 의미한다. '나'를 이루는 다섯 가지 요소[특질] 가운데 하나는 대상을 만나면 생기는 '느낌 (feeling)'이라는 것이다. 수온은 완전히 나의 주관적 관점이다. 그 어떤 대상도 자체로 느낌을 가지지 않는다. 느낌은 '내가 주관적'으로 만드는 것이다. 인간은 무엇을 대하면 느낌을 갖게 된다. 괴로운 느낌[苦受], 즐거운 느낌[樂受], 괴롭지도 즐겁지도 않은 느낌을 갖게 된다. '저 바깥세상' 의 대상 즉 萬法은 원래 느낌이 없다. 그것은 인간인 내가 '이 안의 내 마음속'에 만드는 것이다. 이처럼 우리는 철저하게 주관적으로 세상을 본다.

느낌은 수시로 변한다. 같은 대상을 대하더라도 시시각각으로 다른

느낌을 갖게 된다. 느낌은 또한 '나' 를 만드는 요소인 수온이기 때문에 오온인 '나' 는 수시로 변한다.

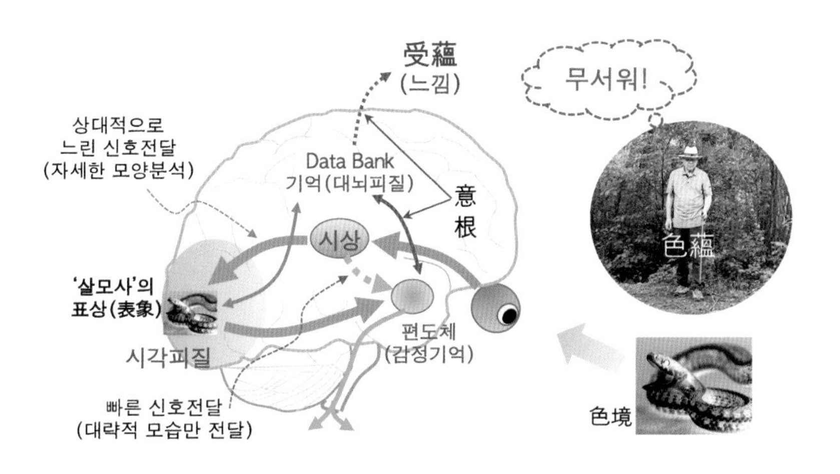


**[수온의 뇌신호 전달]**

수온은 편도체가 중심이 되어 반응을 일으키는 '느낌(feeling)'이다. 편도체는 감정 기억을 저장하고 있는 감정 중추이다. 시상 → 편도체로의 통한 신호전달은 매우 빨라 시각피질을 통한 자세한 모습을 분석하기 전에 '느낌'이 먼저 일어난다. '느낌'반응은 대뇌피질과 정보교환을 동반하며, 이러한 과정은 의근에 포착되어 수온을 완성시킨다. 의근에 포섭되기 전에 편도체에 의한 반응은 '무엇인가 무서운 것이 있다'라는 수준으로 보아야 한다.

② 受蘊의 뇌신호 전달 과정

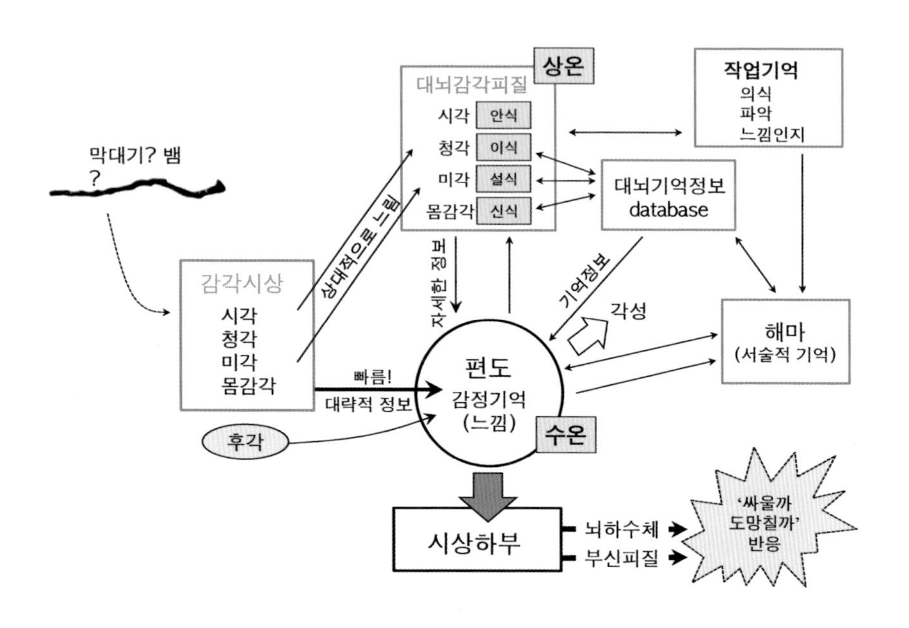


**[수온 생성의 신호전달]**

산길을 가다가 살모사를 만난 경우를 나타내었다. 살모사를 보면 안근을 통하여 살모사의 모습이 시상에 전달되고, 여기에서 두 갈래로 신호가 간다. 편도체로 가는 신호가 시각피질로 가는 정보보다 상대적으로 빠르다. 편도체로 전달된 정보는 빠르게 시상하부로 전달되고 뇌하수체(pituitary gland)를 거쳐 부신피질(adrenal cortex)로 전달되어 몸이 얼어붙거나(freezing), 도망가거나(fleeing), 상대하여 싸우거나(fighting) 선택하게 되며, 얼굴 표정이 달라지고 스트레스 호르몬이 분비되어 혈압이 올라가고, 심박 및 호흡이 빨라진다. 한편 시각피질로 전달된 정보는 대뇌의 작업기억(working memory)에 들어와 정확한 모양과 움직임이 분석·인지되고 편도체로 전달되어 편도체의 초기 반응을 조절한다. 이러한 모든 과정들은 궁극적으로 해마에 전달되어 기억된다. 이러한 뇌의 정보처리 과정은 흔히 우리가 '뱀인 줄 알고 깜짝 놀라 뒤로 물러나서 다시 보니 구부러진 나뭇가지라는 것을 알고 한숨 놓았다'는 경험을 잘 설명한다. 미각과 설식은 표시하지 않았다.

왼쪽 그림은 감정 중추인 편도체를 중심으로 하는 뇌신경 전달을 보여준다. 편도체는 감각에 대한 느낌을 파악하고 이에 대한 행동을 시작한다. 눈, 귀, 코, 혀, 피부를 통한 감각은 감각시상부위(감각을 전달하는 시상부위)을 통하여 편도체로 들어오지만 후각은 곧바로 편도로 전달됨을 주목하라. 또한 편도체를 통한 느낌은 대뇌감각피질(sensory cortex)을 통하여 감각대상이 무엇인지를 파악하는 것보다 상대적 속도가 빠름을 주목하라.

受蘊은 느낌, 즉 감정(emotion)의 무더기를 의미한다. 뇌에서 감정을 처리하는 중추는 편도체(amygdala)이다. 편도체는 대상에 대한 모습, 냄새, 소리, 맛, 촉감 등의 정보를 시상을 거쳐서 받는다. 감각정보를 중계하는 시상의 부위를 감각시상이라 하는데, 감각시상에서는 편도체뿐 아니라 대뇌의 감각피질로도 정보가 전달된다. 그런데 편도체로 전달되는 속도가 피질로 전달되는 속도보다 빠르다. 이는 느낌이 삶에 더 중요함을 의미한다. 시각을 예로서 설명하면, 앞에 있는 무엇이 '살모사'라고 자세히 아는 것보다(시각피질에서 안다) '살모사'가 주는 느낌(편도체의 기능이다)이 생존에 더 중요하다. 자세한 모습을 알아내기 전에 우선 무서운 것은 피하는 것이 더 중요하니까, 살아남으려면. 따라서 편도체로 가는 신호가 시각피질로 가는 신호보다 더 빠르다.

후각 정보는 심지어 시상을 거치지 않고 곧바로 편도체로 들어간다. 그만큼 후각은 느낌에 중요하다. 이는 진화적으로도 해석할 수 있다. 후각은 시각에 앞서 진화했다. 현재도 하등동물들은 시각보다는 후각이 더 잘 발달되어 있거나, 시각은 없이 전적으로 후각에 의존해 생존하는 생명체도 있다. 즉, 다른 감각에 비하여 후각이 먼저 진화했고 그만큼 후각이 생존에 중요하다는 것이다. 사람에 있어 후각은 상대적으로 그 중요성이 많이 감소되었다. 그럼에도 진화과정은 우리의 뇌에 남아 있으며, 냄새(후각)는 사람을 비롯한 모든 동물의 감정에 가장 밀접하게 연관되어 있다.

다음 경우에서 느낌의 중요성을 다시 살펴보자. 뱀이 나올 것 같은 으스스 한 산길을 가다가 꾸불꾸불한 물체를 갑자기 접했을 때, 자세한 모양의 파악보다는 그것에 대한 느낌이 먼저 일어난다. 편도체에 저장된 감정 기억을 통한 이러한 느낌은 빠르게 몸을 각성시키고 긴장하게 한다. 또한 시상하부 → 뇌하수체 → 부신피질을 거쳐 '싸울까 도망갈까(fight-or-flight)' 반응을 나타낸다. 스트레스 호르몬이 분비되고, 혈압이 올라가고, 털이 곤두서고, 식은땀이 난다. 꼼작 못하고 몸이 얼어붙든가 도망가든가, 아니면 싸울 준비를 한다. 하지만 잠시 후 대뇌 시각피질을 통한 자세한 정보처리 결과 뱀이 아니라 꾸불꾸불한 나뭇가지임을 알고는 안도의 한숨을 쉰다. 편도체로의 신호전달이 시각피질로의 전달보다 빨랐음을 보여준다.

붓다는 수온 및 상온도 행온(行蘊)에 속하지만 매우 중요하여 따로 분리했다고 본다. 뇌과학적으로 보아도 감정을 담당하는 뇌부위는 매우 크고(Box 2-3참조) 다른 뇌부위와 광범위하게 연결되어 있다. 마음의 생성에 중요한 역할을 하기 때문에 행온에서 따로 분리한 붓다의 통찰을 엿볼 수 있다. 편도체에 대한 개념도 없었던 2천여 년 전의 통찰이다.

## Box 2-3) 감정중추인 편도체와 둘레계통

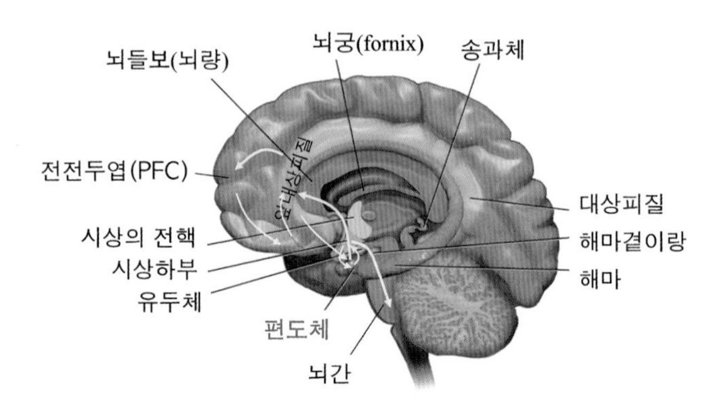


**[편도체, 둘레계통과 감정]**

감정(emotion)과 관련이 깊은 둘레계통(limbic system)은 편도체(amygdala), 해마(hippocampus), 후각뇌, 대상피질, 청반(locus ceruleus), 솔기핵(raphe nuclei) 등으로 구성되며, 뇌의 깊은 곳에 위치한다. 편도체는 대뇌의 측두엽(temporal lobe)에서 해마 앞에 위치하며, 후각망울(olfactory bulb)로부터 직접적으로 많은 냄새 정보를 받아들이고 시상하부(hypothalamus, HYP), 대상피질, 전전두엽(PFC)으로 신호를 전달하며 긴밀히 연결되어 있는 감정조절의 중추이다. 특히 공포(fear)에 대한 학습 및 기억을 한다. 한편 시상하부로 전달된 정보는 뇌간(brain stem), 해마 등을 통하여 감정이 표현된다.

受蘊은 느낌, 감정을 의미하며 이는 편도체(amygdala)가 중심이 되는 둘레계통(limbic system)의 역할이다. 둘레계통은 뇌의 중앙에 위치하는 구포유류뇌(paleomammalian)로서, 파충류뇌(raptillian brain; 뇌간에 해당) 위에, 그리고 신포유류뇌(neomammalian brain;

대뇌피질에 해당) 아래에 위치한다. 생물의 진화과정에서 볼 때 둘레계통은 뱀, 악어와 같은 파충류의 뇌에서는 발달이 되지 않고, 쥐, 고양이, 개, 곰 등 털이 난 동물에서부터 잘 발달하였다. 털이 난 동물들에는 다양한 감정이 있는 것을 보면 둘레계통이 감정을 조절함을 알 수 있다. 한편 뇌는 아래의 뇌간에서 위의 대뇌로, 그리고 중앙에서 겉으로 진화했다. 이를 신경축(neuroaxis)이라 한다. 즉, 신경축은 아래에서 위로, 가운데에서 겉으로 형성되어 있다.

둘레계통은 뇌실(ventricle)[33]을 둘러싸는 대뇌의 깊은 곳에 위치하는 구조들로 편도체(amygdala), 해마(hippocampus), 후각망울(olfactory bulb), 대상피질(ACC), 중간뇌의 청반(locus ceruleus), 뇌간의 솔기핵(raphe nuclei) 등을 포함한다.

편도체는 대뇌의 측두엽(temporal lobe)에서 해마 앞에 위치한다. 편도체는 후각망울로부터 직접적으로 후각정보를 받아들이고 시상하부, 앞대상피질, 전전두엽(PFC)으로 신호를 전달하는 감정조절의 중추이다. 전전두엽은 감정을 인지한다. 시상하부로 전달된 정보는 호르몬을 분비하며, 뇌간을 통하여 감정과 관련된 근육을 움직인다. 감정의 하나인 공포(fear)에 대한 편도체의 학습 및 기억기능은 잘 알려져 있다. 우리가 공포를 느끼는 것은 편도에 저장된 공포기억 때문이다. 한편 해마는 감정의 억제에 작용한다.

---

33) 뇌실은 뇌척수액(cerebrospinal fluid)이 들어있는 뇌 속 공간

## Box 2-4) 감각질(感覺質)의 신경근거(neural correlate of qualia)

파란 가을 하늘 아래 화사하게 핀 코스모스를 본다. 저 밖의 인지대상인 '가을 하늘'이 내 마음에 생성되는 '가을 하늘의 의미', 저 밖의 '코스모스'가 내 마음에 생성되는 '코스모스의 의미'를 감각질(qualia)이라 한다. 감각질은 어떤 것을 지각하면서 느끼게 되는 기분, 떠오르는 심상으로서, 대부분의 감각질은 말로 표현하기 어렵다. 감각질은 내가 주관적으로 느끼는 것이기 때문에 다른 사람이 나의 감각질을 관찰하기 어렵다.

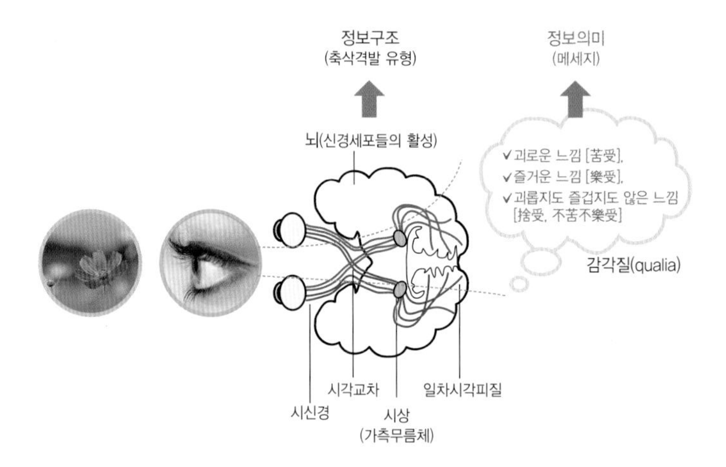


**[정보구조와 정보의미]**

보의 의미는 정보구조의 활성에서 생성된다. 뇌가 정보의 의미를 만드는 정보구조이다. 뇌의 정보구조는 신경회로들이며, 이들이 사용하는 언어는 활동전위 하나로서 매우 단순하다. 정보의 의미는 뇌에 있는 어떤 회로가 어떤 활성을 갖느냐에 전적으로 의지한다고 해도 과언이 아니다.

신경계통에 흐르는 전기신호인 활동전위(action potential)들이 우리 내부의 심적 세계를 만든다. 활동전위의 흐름은 물리현상에 불과하다. 어떻게 물질적 작용이 감각질이라는 마음의 내면적 의미를 만들까? 이는 신경과학의 핵심질문 가운데 하나이다. 감각질은 우리의 의식세계를 만드는 의미정보(semantic information)이다. 이 의미정보는 뇌신경세포들이 활동전위를 격발하여[34] 서로 주고받는 물리적 정보처리(physical information processing)에 근거하여 생성된다.

어떻게 물질적 정보구조(information structure)의 격발체계가 정보의미(information message)로 변환될까? 위 그림은 파란색을 보고 있는 상황에서 우리가 '파란색'이라는 감각질을 느끼는 과정을 간단히 도식화한 것이다.[35] 파란색을 보고 있으면 파란색에 대한 뇌의 격발체계가 활성화(격발)된다. 이 정보구조의 활성은 '파란색'이라는 감각질로 해석된다. 정보구조 활성의 해석에는 기억정보가 필요하다. '파란하늘과 코스모스'를 보면 파란색, 코스모스, 가을하늘 등에 대한 기억정보가 되살아나 이에 대한 감각질이 생성되는 것이다(p. 104 그림).

34) 신경세포가 활동전위를 만드는 것을 격발(fire)한다고 한다.
35) Orpwood R. Information and the Origin of Qualia. Front Syst Neurosci. 2017 Apr 21;11:22. doi: 10.3389/fnsys.2017.00022. eCollection 2017. (수정)

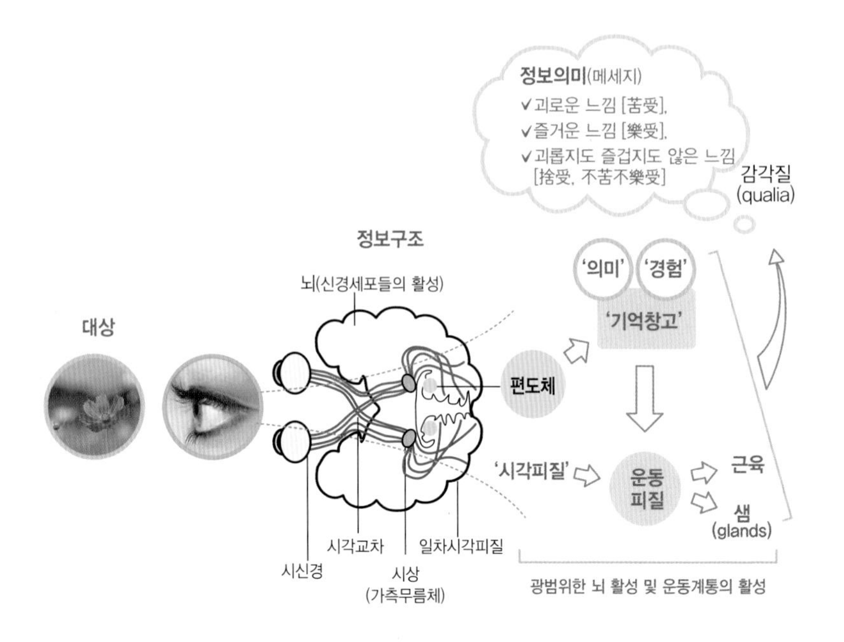


**[감각질의 생성과정]**

감각질은 감각대상에 대한 정보구조(information structure)의 활성에 대한 나의 주관적 해석이다. '푸른색(blue color)'을 보면 그 정보는 감각기관인 눈을 통하여 일차적으로 시각피질 및 편도체로 들어오고 이는 여러 가지 경험과 의미가 저장된 기억창고를 통하여 그 의미가 해석된다. 한편 파악된 의미는 운동피질로 전달되어 근육과 샘을 자극한다. 이러한 뇌의 광범위한 활성과 이에 따른 몸의 반응은 '푸른색'에 대한 나만의 주관적 의미(감각질)가 된다. 뇌를 포함한 나의 몸은 정보구조이며 이의 활성으로 정보의미가 생성된다.

감각질은 뇌뿐 아니라 나의 몸 전체의 반응으로 만들어진다. 그리고 감각질은 인지대상에 대한 나의 과거의 경험과 기억정보에 근거하여 만들어진다. 위 파란색을 보는 상황을 다시 생각해보자. 나는 태어나자마자 파란색에 대한 감각질이 있었던 것이 아니다. 태어나 자라면서 파란색을 비롯한 여러 가지 색들을 경험했고, 각 색깔에 연루된 여러 가지 경험들이 기억으로 남아있다. 파란색이 빨간색과 다르며 노란색과도 다른 '파란색' 특유의 기억정보는 현재 내가 파란색을 볼 때 '파란색에 대한 감각질'을 만든다.

좀 더 복잡한 인식대상은 거기에 관련된 복잡한 기억정보들이 관여할 것이다. 예를 들어 뱀을 보았을 때는 '꾸불꾸불하게 생겼다' 등 뱀 특유의 시각정보와 함께, '징그럽다', '무섭다' 등 감정적 느낌 기억들이 되살아난다. 더 나아가 운동신경계통이 활성화되어 소름이 끼치고, 샘이 자극되어 식은땀이 난다. 이러한 현상들은 모두 뱀을 보는 나의 감각질이다. 뱀은 나의 뇌의 여러 신경회로(정보구조)들을 활성화시키고 이 활성들은 '뱀에 대한 경험과 기억'을 회상시켜 현재의 감각질을 만든다.

### (3) 상온(想蘊)

- 산스크리트어: saṃjñā-skandhāḥ
- 팔리어: saññā-kkhandha
- 영어: aggregates of perception(인식)

인식이란 무엇인가

“비구들이여, 그러면 왜 인식이라고 부르는가? 인식한다고 해서 인식이라 한다. 그러면 무엇을 인식하는가? 푸른 것도 인식하고 노란 것도 인식하고 빨간 것도 인식하고 흰 것도 인식한다. 비구들이여, 이처럼 인식한다고 해서 인식이라 한다.”

[상윳따 니까야]
삼켜버림 경(S22:79, §6)

불교용어 사전에서 想蘊은 다음과 같이 설명한다.[36)]

> 상은 개념(槪念) 또는 표상(表象)과 그 작용을 말한다. 상 역시 감각기관들과 그것에 해당되는 대상들과의 만남에서 생긴다. 상은 대상들을 식별하고, 그 대상들에 이름을 부여한다. 붉은 꽃을 볼 경우 먼저 지각(知覺)에 의해 인식 작용이 생기게 되고, 그 다음 ‘붉은 꽃’이라는 개념을 만드는 작용이 일어나게 된다. 이 때 ‘붉은’, 또는 ‘꽃’ 이라는 개념 또는 그 작용이 상(想)이다.

想蘊은 인간의 특질 가운데 지각(知覺, perception) 혹은 파악(把

36) https://studybuddha.tistory.com/2180

握)을 의미한다. 지각(知覺, perception)은 감각기관의 자극으로 생겨나는 외적 사물의 전체상(全體像)을 아는 것이다. 즉, 그것이 무엇인지 아는 것이다.

뇌가 대상을 접하면 그것에 대한 표상(表象, percept, representation)이 뇌에 형성된다. 표상은 거울에 맺힌 상과 같은 것으로 감각기관을 통하여 대뇌의 감각피질에 생성된 신경활성이다. 뇌는 그 표상이 무엇인지 파악하려는 특질이 있다. 파악하기 위해서는 먼저 그 대상에 대한 정보가 이미 뇌에 기억으로 저장되어 있어야 하고, 이 기억 저장고를 살펴보아 대조함으로써 그것이 무엇인지를 파악한다. 즉 감각 대상을 보면 떠올라오는 나의 과거 지식이 상온이다. 감각대상은 육경(색성향미촉법)을 모두 포함한다.

인간의 대뇌피질은 학습과 기억 능력이 잘 발달하여 많은 정보를 기억한다. 뇌에 저장되어 있는 많은 기억정보와 현재 생성되고 있는 표상을 대조하여 그것이 무엇이라고 파악하는 것, 즉 표상작용(表象作用)과 그 세력이 상온이다. 표상작용과 그 세력은 한마디로 인식(perception)이며, 인식은 '나'를 구성하는 하나의 요소(무더기)이다. 인식의 대상에는 색성향미촉법 모두가 해당한다.

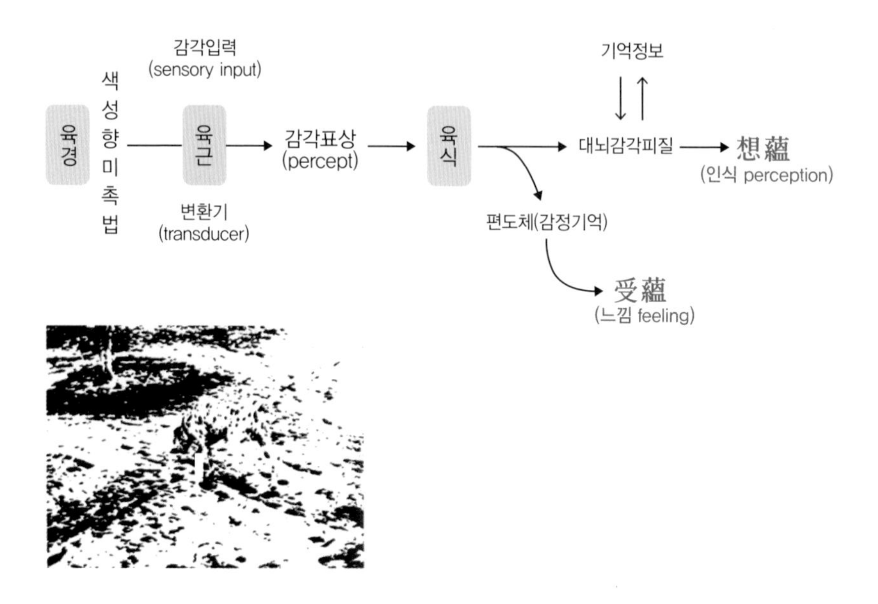


**[상온]**

상온은 감각대상을 인식(perception)하는 것이다. 인식과정은 두 단계를 거친다. 첫째는 감각기관(육근)을 통한 감각정보의 입력이다. 감각정보의 입력은 뇌에 감각표상(percept)을 생성하며, 이 표상은 육식을 생성한다. 육식은 뇌라는 거울에 맺힌 상이다. 둘째 단계는 뇌 거울에 맺힌 상이 무엇이지 파악하는 과정이다. 그것이 무엇일 것이라고 예상을 하고 기억정보를 떠올려 대조함으로써 그것이 무엇인지 안다. 이러한 과정을 거쳐 인식대상을 아는 것이 상온이다. 흑백 점들로 그려진 아래의 그림은 처음에는 무엇인지 잘 모르겠지만 자세히 보면 달마시안을 찾을 수 있다. 이는 입력정보(흑백 점들)가 무엇이지 예상하고 기억정보와 대조하여 그것이 무엇이지 파악(인식)하는 과정, 즉 상온이 이루어지는 과정을 잘 설명한다.

① 상온(想蘊)의 뇌과학

색성향미촉법의 6가지 인지대상(육경)에 대하여 모두 상온이 생성될 수 있다. 여기서는 색경을 예로 설명해보자. 색경은 안근을 통하여 인식된다. 안근의 망막에서 시작된 활동전위는 시신경을 타고 시상의 가측무릎체핵(lateral geniculate nucleus, LGN)으로 가고, 여기에서 대뇌후두엽(occipetal lobe)의 일차시각피질에 전달된다. 이렇게 하여 일차시각피질에 생성된 뇌활성은 그 색경에 대한 감각표상(감각지 percept)이 된다. 감각표상은 곧 육식이며 여기서는 색경에 대한 안식이다. 육식은 마음거울(뇌)에 맺힌 상이다. 이제 뇌의 시각계통에 '어떤 물체(색경)에 대한 상'이 생성된 것이다. 아직 그 상이 무엇인지는 모른다.

그 상을 아는 과정은 의근의 작용이 필요하다. 안식은 의근에 포섭되어 그 상의 의미가 해석된다. 예로서 '그 상(안식)은 볼펜이다'라고 파악된다. 상온이 생성된 것이다. 즉 '그 색경은 볼펜이다'라고 아는 것이 상온이다. 아는 과정에는 기억정보와의 대조가 필요하다. 기억정보는 대뇌전반에 퍼져 저장되어 있다. 반면에 의근은 전전두엽에 있다(의근은 매우 어려운 개념이다. 여기서는 뇌활성을 포섭하는 신경망이라고 간단히 정의하자). 따라서 색경의 경우 시각계통에 맺힌 상(안식)이 전전두엽으로 전달되어 의근에 포섭되고, 전전두엽은 의근에 포섭된 상의 정체가 무엇이지 기억정보와 대조함으로써 그것이 무엇인지 분별한다. 이런 과정을 거쳐 인식이 일어난다. 여기서는 색경이 무엇인지 알게 된다. 색경에 대한 상온이 일어나는 과정이다.

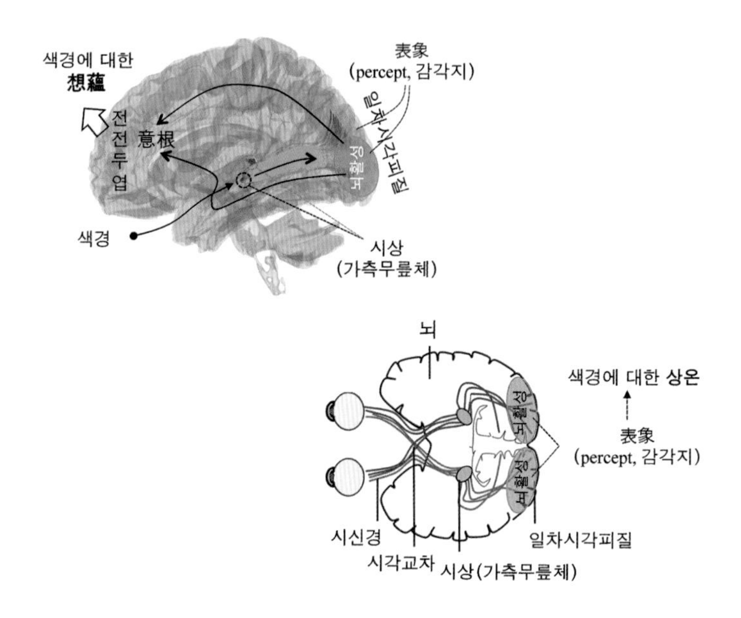


**[색경에 대한 상온]**

색경은 안근에 의하여 전기신호(활동전위)로 변환된다. 전기신호로 변환된 색경은 시상을 거쳐 시각피질로 전달된다. 시각피질에 생성된 뇌활성은 그 색경에 대한 감각표상(감각지 percept)가 된다. 색경에 대한 감각표상은 안식을 생성한다. 안식은 뇌거울에 생성된 색경의 상이다. 그 상은 전전두엽에 전달되어 의근에 포섭되고, 전전두엽은 그 상이 무엇인지 기억정보와 대조하여 파악한다. 색경에 대한 상온이 생성되는 것이다. 다른 감각대상[성향미촉법(聲香味觸法)]들도 각각의 대뇌감각피질을 통하여 표상이 생성되고, 그 표상의 의미가 기억정보와 대조되어 파악된다. 각각의 상온이 일어나는 과정이다.

다음 그림에서 보자. 할아버지가 산길을 가다가 살모사를 만났다.

살모사의 상은 눈의 망막에 맺히고 망막 신경세포들의 활동전위를 생성한다. 활동전위는 시신경을 통하여 시상을 거쳐 시각피질로 전달된다. 시각피질에 생긴 뇌활성은 살모사의 표상(percept)이다. 표상은 안식을 생성한다.

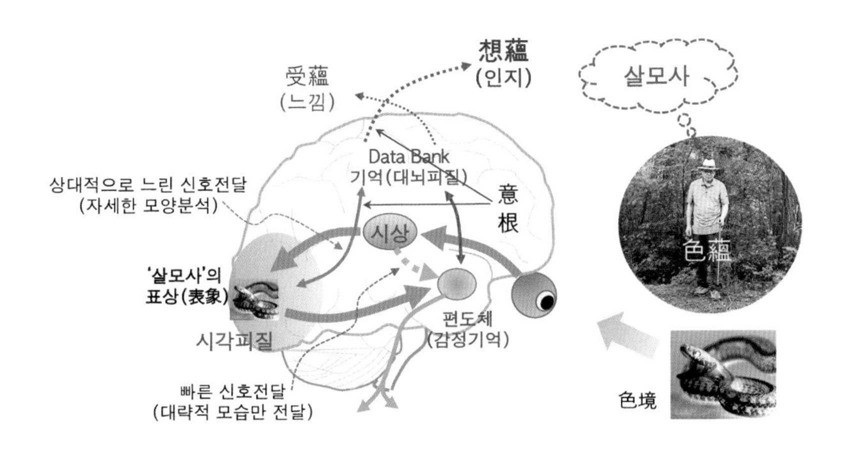


**[색경에 대한 상온의 뇌신호 전달]**

색경은 안근에 포섭된다. 안근의 망막에 생긴 상은 시상을 거쳐 시각피질로 전달되어 시각표상을 생성한다. 시각표상은 안식이 된다. 안식은 시각계통에 맺힌 살모사의 이미지(상)이다. 상(안식)은 전전두엽으로 전달되어 의근에 포섭되고, 전전두엽은 그것이 무엇인지 파악한다. 여기서는 '저 색경의 상은 살모사다'라고 아는 것이다. 이렇게 인식대상이 무엇인지 아는 것이 상온이다. 상온은 자세한 분석과정을 거치기 때문에 이 신호전달과정은 편도체로 가서 수온이 생성되는 신호처리보다 상대적으로 느리다.

안식은 뇌에 맺힌 어떤 물체(색경)에 대한 상(이미지)이다. 그 상은 전전두엽으로 전달되고 의근에 포섭된다. 전전두엽은 의근에 포섭된 안식(상)이 무엇인지 대뇌에 있는 기억 대이터베이스와 대조하여 그 정체를 밝혀낸다. 그렇게 하여 '이 안식(상)은 살모사다'라고 인식한다. 이와 같이 상온은 대상이 무엇인지 알아내는 인지과정이다. 이러한 과정은 상당히 긴 시간을 필요로 하며 수온보다 느리게 완성된다. 상온은 자세한 분석과정이지만 수온은 편도체를 통한 대략적 분석이기 때문이다.

② 상온을 잘 설명하는 그림

상온은 감각에 의하여 뇌에 생성된 육식을 과거의 지식과 대조하여 파악하는 것이다. 위 그림을 보면 처음에는 그림의 내용을 알 수 없다. 그림에 대한 표상(percept, 감각지; 즉 뇌신경세포의 특이적 활성)이 우리의 시각피질에 생성되었고, 거기에 대한 안식이 생겼지만 아직 이 뇌

활성이 무엇을 의미하는지 파악하지 못한다. 안식은 시각피질에 표상이 생겼다는 것을 아는 수준이다. 어떤 색경이 있다고 아는 정도이다. 마찬가지로 이식은 어떤 소리가 있다는 정도로 아는 것이다.

하지만 좀 더 자세히 파악하는 과정을 거치면(즉 그림 속의 패턴을 찾아 기존의 지식과 연결하면) 머리를 땅에 가까이하고 걸어가는 달마시안(dalmatian) 개가 보인다. 이제 상온이 생긴 것이다. 이처럼 상온은 어떤 인식대상이 무엇이라고 파악하는 것이다.

위 그림은 우리가 대상을 인지(파악)하는 과정을 보여주는 좋은 예이다. 인지과정에는 지각, 표상작용(이미지를 떠올려 표상과 대조함), 개념화(개념을 떠올림)의 모든 과정이 포함되며 이 모든 것을 포함하여 상온이라 한다. 위 그림을 보면서 우리는 달마시안이 있음을 알고(지각), 달마시안에 대한 나의 과거 이미지 지식을 떠올리며(표상작용), 달마시안은 점박이 개이며 친근한 반려동물이라는 개념적 지식까지 떠올린다(개념화). 그러므로 상온은 여러 가지 측면으로 대상을 인식하는 것이며, 이 과정은 기존의 경험에 의한 기억정보에 근거한다. 따라서 상온은 한마디로 인식 대상에 대한 나의 과거 경험을 불러오는 것이라 할 수 있다. 상온과 대조적으로 행온은 대상을 만나면 생성되는, 앞으로 행해야 할 마음 요소로서 미래적 관점의 '나'를 구성하는 요소이다.

### (4) 행온(行蘊)

- 산스크리트어: samskāra-skandhāh
- 팔리어: saṅkhāra-kkhandha
- 영어: aggregates of volition (의지), aggregates of volitional formations (의지형성), aggregates of volitional activities (의지적 활동), aggregates of formations (형성), aggregates of mental formations (마음생성), aggregates of impulses (충동)

행온은 오온 중 色蘊·受蘊·想蘊·識蘊을 제외한 모든 정신작용을 통칭한다. 행온은 마음의 능동적 작용으로서 대상을 만나면 일어나는 심리현상들 가운데 미래(짧은 미래지만)의 행위를 위한 것들이다. 행위는 몸으로 움직이고, 말로 표현하고, 마음이 생기는 것으로 나타난다. 따라서 행온은 행위가 일어나는 방향을 인도하는 의지(意志, volition), 욕구(欲求, desire)와 같은 조작(造作)하는 힘의 무더기이다. 견물생심(見物生心; 물건을 보면 그것을 가지고 싶은 욕심이 생긴다)에서 '生'에 해당한다.

행온은 업(karma)을 짓는 주체가 된다. 붓다는 의지(volition)가 업이라고 하였다. 의지는 심리형성(mental formation)과 심리작용(mental activity)이다. 의지가 생기면 우리는 그것을 행동, 말, 마음으로 표현한다. 그 표현은 선하거나, 불선하거나, 중립적이다. 그것들은 우리가 짓는 업이다. 부파불교에서는 업을 형성하는 행온의 종류가 52가지나 된다고 했다. 여기에는 수온과 상온도 포함된다. 그들도 사실은 행온에 포함되기 때문이다. 수온과 상온은 매우 중요한 행온이기 때문에 따로 분리하였다. 수온과 상온은 의지적이지 않기 때문에 업을 짓지는 않는다.

심리현상들이란 무엇인가

"비구들이여, 그러면 왜 심리현상들이라고 부르는가? 형성된 것을 계속해서 형성한다고 해서 심리현상들이라 한다. 그러면 어떻게 형성된 것을 계속해서 형성하는가? 물질이 물질이게끔 형성된 것을 계속해서 형성한다. 느낌이 느낌이게끔 형성된 것을 계속해서 형성한다. 인식이 인식이게끔 형성된 것을 계속해서 형성한다. 심리현상들이 심리현상들이게끔 형성된 것을 계속해서 형성한다. 알음알이가 알음알이이게끔 형성된 것을 계속해서 형성한다. 비구들이여, 그래서 형성된 것을 계속해서 형성한다고 해서 심리현상들이라 한다."

[상윳따 니까야]
삼켜버림 경(S22:79, §7)

① 行蘊의 뇌과학

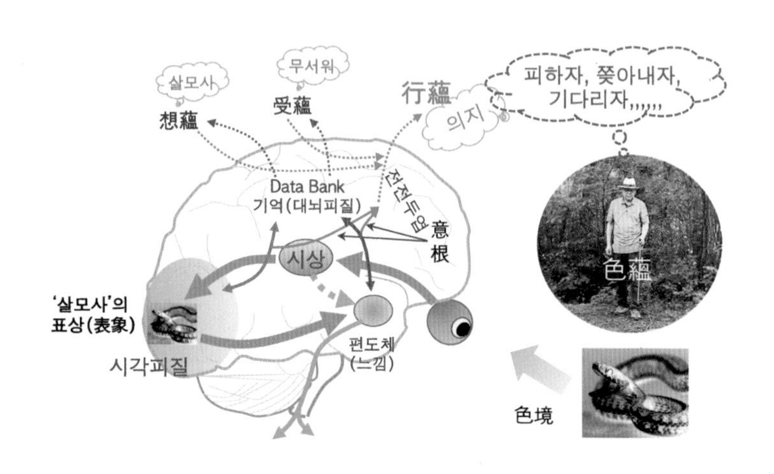


**[행온의 뇌신호 전달]**

행온은 행위를 안내하는 마음 작용이다. 어떤 행동을 하거나, 말을 하거나, 생각을 하는 방향을 행온이 설정한다. 부파불교에서는 52가지 설정방향(행온)이 있다고 한다. 행온은 상온과 수온의 영향을 받는다. 그것이 무엇이고 어떤 느낌인지가 행위에 큰 영향을 미치기 때문이다. 살모사를 만나면 '살모사'라고 아는 상온과 '살모사는 무서움'이라는 수온은 행온의 선택에 큰 영향을 미친다. 행온은 의지(volition)로서 이 경우 '도망가자' 혹은 '막대기로 쫓아내자' 아니면 '지나가도록 조용히 기다리자' 등의 의지이다. 행온과정의 뇌활성도 후반부에는 의근에 포착되어 의식에 들어온다.

다시 산길을 가다가 살모사를 만났을 때의 상황을 살펴보자. 살모사(색경)는 안근에 의하여 시상으로 신경신호가 전달된다. 시상에서 편도체로 가는 빠른 정보는 느낌(수온)을, 그리고 시각피질로 가는 정보는 '살모사'라는 인식(상온)을 만든다. 뇌는 복잡하게 연결된 신경망이다. 어느 한 곳에서 시작한 신경망의 활성은 쭉 퍼져 나간다. 그물의 어느 한 곳을 잡고 흔들었다고 생각해보라. 혹은 잔잔한 호수에 조약돌을 던져 넣었다고 생각해보라. 그 파동은 사방팔방으로 퍼져 나간다. 뇌도 마찬가지다. 편도체와 시각피질로 나아간 뇌활성은 다른 뇌부위로도 전달된다. 기억정보가 저장된 다양한 대뇌피질로, '행동요령원칙'이 있는 전전두엽 등으로 전달된다. 이러한 뇌활성의 전파는 수온, 상온을 생성하고 거기에 맞는 '행동실행'에 대한 욕구를 생성시킨다. 이 과정은 나도 모르게 무의식적으로 시작된다. 이 무의식적 의지 작용의 마지막 부분에서는 '어떤 행동을 해야겠다'는 마음작용이 의식에 들어오고 행동으로 이어진다. 이와 같이 인식 대상을 만나 앞으로 어떤 행동을 하겠다는 의지나 욕구가 행온에 해당한다.

② 行蘊을 보여주는 뇌활성

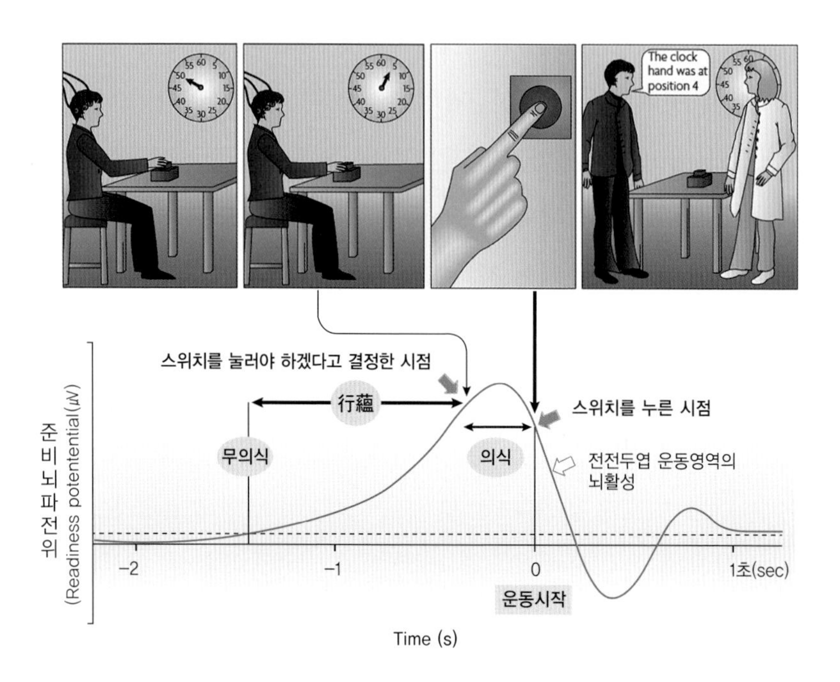


**[행동을 위한 준비뇌파전위(readiness potential)]**

위 그림은 어떤 행동을 하기 위한 뇌의 준비과정을 보여준다. 실험 참가자의 머리에 뇌파(EEG) 기록 장치를 설치하고 시계를 주시하게 한다. 시계 침은 가다 서다를 반복하는데 일정한 간격은 없게 했다. 보다 더 시계 바늘에 집중하게 하고 미리 예상하여 행동을 하지 않게 하기 위해서다. 참가자는 스스로 자기가 선택한 시점에 스위치를 누른다. 그리고 언제 스위치를 눌러야겠다고 느꼈는지('felt the urge' to move their hand) 보고한다. 예로서 '나는 시계 바늘이 5에 가면 스위치를 누른다'고 생각했고, 그런 후 '나는 시계 바늘이 5에 갔을 때 스위치를 눌렀다'고 보고한다. EEG를 측정하는 사람은 피험자의 의도를 알 수 없다. 아래 그림(그래프)은 피험자의 EEG를 보여주는 그래프이다. 피험자가 스위치를 눌러야겠다고 생각한 시점과 실제로 스위치를 누른 시점을 표시하였다. 스위치를 눌러야겠다는 생각이 든 시점보다 훨씬 이전에 뇌활동(뇌파)이 시작되었음을 주시하라. 이 뇌파는 무의식적으로 진행된 행온을 보여주는 뇌활성이다.

1983년 샌프란시스코 캘리포니아대학 의과대학(UCSF) 신경연구소의 리벳(Benjamin Libet) 등이 흥미로운 실험 결과를 발표했다. '어떤 움직임을 해야겠다고 의식적으로 느끼기 전에 이미 뇌는 그 행동을 위한 준비를 시작하고 있다'는 것이다. 즉, 어떤 행동이 겉으로 일어나기 전에 이미 우리의 뇌는 내면적으로 이 행동을 위한 뇌활성이 선행한다는 것이다. 그들은 이 뇌활성에 해당하는 뇌파를 '준비전위(readiness potential, RP)'라고 했다.

위 그림에서 아래 그래프는 이러한 실험의 뇌활성 뇌파(EEG)를 보여준다. 그림의 그래프를 보면 스위치를 누르기 1초보다 더 이전(약 1.8초 전)에 뇌활성이 무의식적으로 시작되고, 손가락을 움직이기 직전(약 0.2초 전)에 '눌러야겠다'는 의식적 의지가 일어남을 보여준다.[37] 연구자들은 이 '준비전위(RP)'를 어떤 행동을 하기 위하여 준비하는 과정의 뇌활성이라고 해석했다. 스위치를 누르기 평균 206ms(밀리초, 0.206

---

37) Haggard P. Human volition: towards a neuroscience of will. Nat Rev Neurosci. 2008 9(12):934-46.

초) 전에 '눌러야겠다'고 의식적 의도를 하였고, 그보다 훨씬 전(약 1.8초 전)에 이미 뇌는 행동을 위한 준비(뇌 선행활성)를 하고 있었음을 분명하게 보여준다. 이 기간 동안의 뇌활성은 의식되지 않는 무의식 속에서 일어난다. 즉, 어떤 행동을 하기 전에 이미 뇌는 무의식적으로 뇌활성이 시작되고 점점 커져서 의도적으로 (이때 의식에 들어온다) 행동을 하는 것이다.

이 실험 결과는 운동시작(time = 0) 이전에 이미 뇌활동이 선행함을 보여준다. 행동에 앞서 일어나는 이 무의식적 뇌활성은 행온(行蘊)일 것이다. 行蘊이 더 커져서 임계수준을 넘으면 어떤 행동을 해야겠다는 마음이 의식에 들어온다. 의식에 들어와 마음이 생성되면 識蘊이 생성된 것이다. 의식에 들어온 후에도 사실 행동은 일어나지 않을 수도 있다. 의도적으로 행동을 억제할 수 있기 때문이다. 하지만 행동을 하든 하지 않든 어떤 마음이 일어나면 그것은 識蘊이다. 行蘊은 識蘊이 생성되기 직전의 의도 과정으로 보아야 한다.

## Box 2-5) 운동전·후의 뇌활성과 行蘊

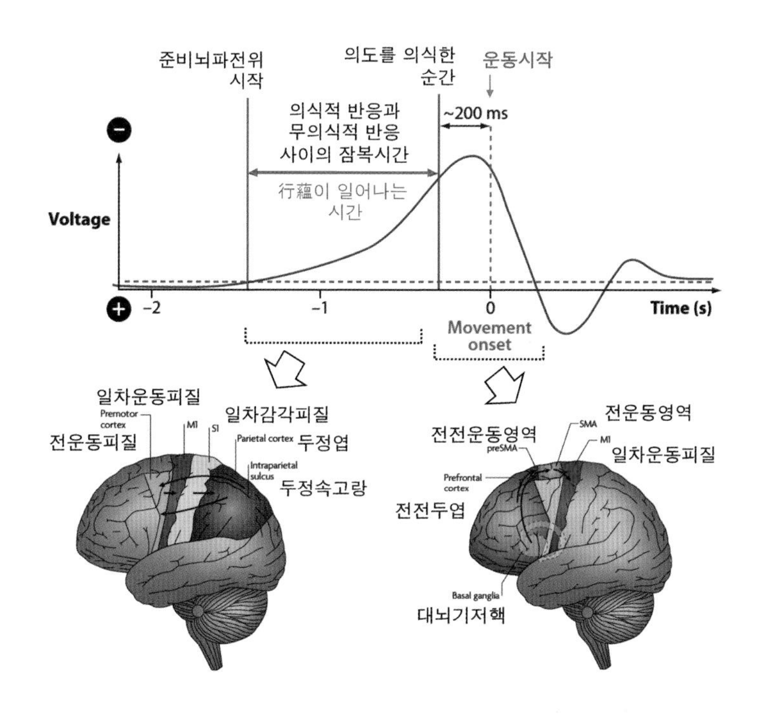


**[행온의 뇌활성]**

위 그래프는 뇌의 준비뇌파전위를 보여준다. 운동시작(movement onset) 훨씬 이전(약 -1.5초보다 더 이전)에 뇌활성이 무의식적으로 시작되고, 이 뇌활성은 운동시작보다 약200 밀리초(ms) 이전에 의식에 들어옴을 보여준다. 의식에 들어오기 이전의 이 뇌활성이 행온이다. 아래왼쪽 그림은 무의식적 과정에 일어나는 뇌활성 경로를 보여준다. 시각, 청각 등 감각이 모인 감각연합피질(두정엽) 및 두정속고랑에서 전운동피질로 신호를 보내고 여기에서 1차 운동피질 및 1차 몸감각피질로 신호가 간다. 아래 오른쪽 그림은 의식적 과정의 신호전달이다. 대뇌기저핵을 통한 격발(운동시작) 신호는 전전운동영역을 거쳐 전운동영역 및 1차 운동영역에 있는 상위운동신경세포들을 격발시킨다. 격발은 곧 운동시작을 의미하며, 이는 운동 의도가 의식에 들어온 후의 과정이다.

그림의 그래프[38]는 Libet의 실험결과로서 운동을 위한 '준비뇌파전위' ('Readiness Potential', RP)가 운동시작 전 1초보다 더 이전(약 1.8초 전)에 시작함을 보여준다. 반면에 약 200 밀리초(0.2초) 전이 되어서야 운동 의지를 자각한다. 의식에 들어온 것이다. 의식에 들어오기 전의 RP는 무의식적으로 일어나는 과정이다.

아래 뇌그림[39]의 왼쪽그림은 운동시작 전에 무의식적으로 일어나는 뇌부위의 신경활성전달을 나타낸다. 시계 바늘의 움직임에 대한 시각정보는 시각피질로 전달되고(표시가 생략되었다) 이어서 감각연합피질인 두정엽(parietal cortex)으로 전달된다. 여기에서 다시 전전두엽(표시가 생략됨) 및 전운동피질(premotor cortex)로 전달된다. 전운동피질은 다양한 운동프로그램이 저장된 곳이다. 이 운동프로그램 저장고에서 특정 운동에 필요한 프로그램들이 선별되는데, 여기에서는 스위치를 누르는 운동에 필요한 운동프로그램들이다. 전운동피질에서 다시 1차 운동피질로 신호를 보내어 위운동신경세포(upper motor neuron)[40]들이 '격발'을 하면 실제로 운동이 일어난다.

---

38) Roskies, A. "How Does Neuroscience Affect Our Conception of Volition?" Annual Review of Neuroscience (2010), 33: 109-130.

39) Haggard P. Human volition: towards a neuroscience of will. Nat Rev Neurosci. 2008 9(12):934-46.

40) 뇌의 운동피질에 있는 운동신경세포를 위(upper), 척수에 있는 운동신경세포를 아래(lower) 운동신경이라 한다.

오른쪽 뇌그림은 '격발신호'가 생성되는 과정을 보여준다. 격발을 할까 말까하는 결정은 대뇌기저핵에서 만들어진다. '격발하라'는 신호가 대뇌기저핵에서 만들어지면 이 신호는 전보조운동영역(presupplementary motor area, pre SMA) → 보조운동영역(SMA)을 거쳐 1차 운동영역으로 전해진다. '격발신호'가 1차 운동영역의 운동신경세포(위운동세포라 한다)를 격발하게 하고 이는 척수의 운동신경세포(아래운동신경세포라 한다)를 통하여 근육이 움직이게 된다.

어떤 운동을 하려면 많은 근육세포들이 알맞은 강도로 제때에 수축하여야 한다. 이를 위하여 운동피질에 있는 수많은 위신경세포들이 프로그램에 따라 시간적 순서를 지키면서 특정한 강도로 격발되는 상황을 상상해보라. 위 실험의 경우 이 상황은 '시계 바늘이 5에 가면 스위치를 누르기 위한 프로그램'을 짜고 격발을 준비하는 무의식적 상황이다. 이 상황에서 일어나는 뇌활성이 행온에 해당한다. 이 준비과정의 마지막 단계인, 아마도 전보조운동영역 및 1차 운동피질에 활성이 도달하면 어떤 행동을 하고자 하는 욕구가 의식적으로 느껴지고, 곧바로 근육운동이 일어나는 것으로 보인다.

### (5) 식온(識蘊)

- 산스크리트어: vijñāna-skandhāh
- 팔리어: viññāṇa-kkhandha
- 영어: aggregates of consciousness (의식)

식온(viññāṇa)은 단지 여섯 감각기능을 통해서 대상을 알아 식별(알음알이) 하는 작용을 뜻한다.

"비구들이여, 그러면 왜 알음알이라고 부르는가? 식별한다고 해서 알음알이라 한다. 그러면 무엇을 알음알이 하는가? 신 것도 식별하고 쓴 것도 식별하고 매운 것도 식별하고 단 것도 식별하고 떫은 것도 식별하고 떫지 않은 것도 식별하고 짠 것도 식별하고 싱거운 것도 식별한다. 비구들이여, 이처럼 식별한다고 해서 알음알이라 한다."

[상윳따 니까야]
삼켜버림 경(S22:79, §8)

식온은 분별하는 힘과 그 결과물로서의 분별(앎, 지식)의 적집, 집합 또는 무더기, 의식(意識 consciousness)이라는 뜻이다.[41] 분별이란

41) https://ko.wikipedia.org/wiki/마음

팔리어 viññāṇa를 한역한 것으로 'vi(구별)+√jñā(앎)+ana(것)'는 '나누어 아는 것'이란 의미이다. 즉, 곰곰이 생각하며 알아보는 마음으로, 분별하고 판단하는 심리적 활동을 말한다. 想蘊은 인식대상이 무엇이라고 아는 최초의 앎인데 반하여 식온은 자세히 분별하고 판단하는 의식을 말한다. 우리가 통상 마음이라고 하는 것이 식온이다.

상온과 식온의 차이를 동전 무더기로 비유하면 다음과 같다. 동네 어귀에 동전무더기가 있다. 돈을 모르는 아이는 그냥 어떤 무더기가 있다고 한다. 어른은 그것이 돈이라고 안다. 환전상은 그것을 은행에 가져가면 지폐로 바꾸든가 예금할 수 있다고 파악한다. 아이는 상온, 어른은 식온, 환전상은 반야에 비유된다.

식온은 색온, 수온, 상온, 행온에 의지하여 생성된다. 식온은 절대로 독자적으로 일어날 수 없다. 예로서 식온은 색온에 의지(means)해서, 색온을 대상(object)으로, 색온의 도움(support)을 받아 존재하고 더 나아가 세력이 성장하고 내용이 발달한다. 마찬가지로 식온은 수온에 의해서, 수온을 대상으로, 수온의 도움으로 존재하고 더 나아가 성장하고 발달한다. 또한 식온은 행온에 의해서, 행온을 대상으로, 행온의 도움을 받아 성장하고 발달한다.

수온, 상온, 행온과 마찬가지로 식온도 육식(六識)에 따른 여섯 가지 식온[안식신(眼識身), 이식신(耳識身), 비식신(鼻識身), 설식신(舌識身), 신식신(身識身), 의식신(意識身)]이 있다. 육식은 육근과 그 대상인 육경을 바탕에 둔다. 따라서 식온은 색성향미촉법을 안이비설신의가 감지한 육식에 의하여 생성된다. 이는 중요한 의미를 포함한다. 예로서 시각의식[시각식온, 안식신(眼識身)]은 안근과 색경의 화합에 의하여 생성되는 안식에 근거한다. 안근과 색경이 만나 생성된 안식에 근거하여 시각의식(안식온)이 만들어진다는 뜻이다. 마찬가지로 이식, 비식, 설식, 신식, 의식에 근거하여 각각의 식온이 만들어진다.

식온(의식, 마음)도 조건에 따라 변하는 오온의 하나일 따름이다. 만나는 대상에 따라 육식이 생성된다. 그 육식은 조건에 따라 항상 변한다. 그렇기 때문에 식온도 조건에 따라 변한다. 불변하는 것이 아니다. 이와 같이 일정하게 유지되는 오온은 없다. '나(오온)'는 항상 변한다는 뜻이다. 나라고 주장할만한 고정불변의 나는 없다[무상(無常), 무아(無我)]. 제행무상(諸行無常)이다. 모든 것은 생멸변화(生滅變化)하여 잠시도 같은 상태에 머무르지 않는다.

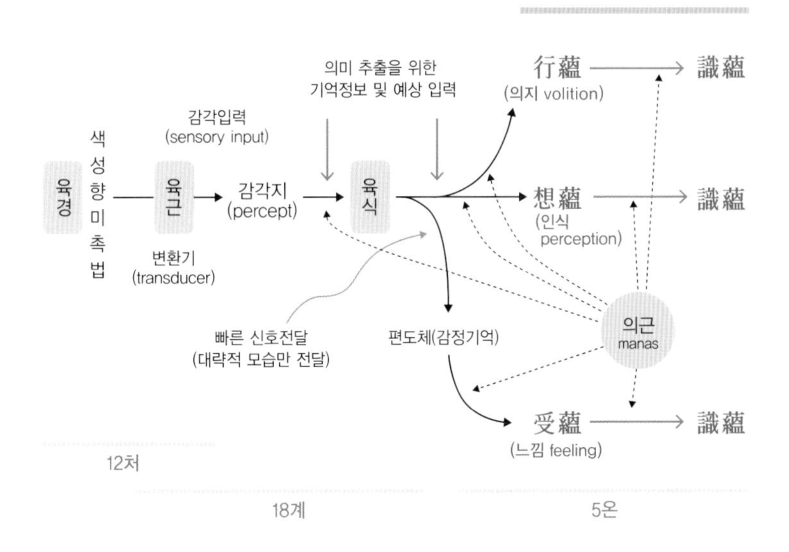


**[불교의 존재론 - 오온, 12처, 18계]**

육경을 만나 육식을 만든다. 육식 전후에 감각지의 의미를 파악하기 위하여 기존의 기억정보와 대조하여 그것이 무엇인지 예상하고 판단한다. 육식은 수온, 상온, 행온을 유도하고, 의근은 이들을 포섭하여 식온을 만든다. 의근에 포섭되면 의식에 들어온다. 하지만 의식적 과정과 무의식적 과정의 경계는 분명하지 않은 경우가 많다.

## ① 식온의 뇌과학

물수제비를 뜬 추억이 있을 것이다. 잔잔한 호수에 납작한 소약돌을 수면 높이와 평행한 방향으로 던지면 돌이 통통 튀

며 나아간다. 조약돌이 접한 지점에서부터는 동심원의 파도가 일어나 쭉 퍼진다.

마음도 뇌신경망 활성의 파도이다. 다양하고 많은 인식대상은 감각기관에 의하여 동시다발적으로 신경신호로 바뀌어 뇌[색온]로 들어온다. 각각의 인식대상[境]은 뇌신경 활동 파동을 일으키고, 이 파동이 受蘊, 想蘊, 行蘊을 불러일으킨다. 행온은 대상을 접했을 때 일어나는 마음의 의지적 요소이다. 견물생심에서 '생'에 해당한다. 이는 나의 몸뚱이(색온), 느낌(수온)과 앎(상온)이 바탕이 되어 일어난다. 색온, 수온, 상온, 행온은 의근에 의하여 통합되어 마음(의식)이 된다. 식온(識蘊)이 생성된 것이다.

산길을 가다가 살모사를 만난 할아버지의 경우를 다시 생각해보자. 육식이 생성되겠지만 여기서는 안식에 의한 안식온만 설명한다. 살모사는 안근을 통해 인지되어 수온, 상온, 행온을 만든다. 무서운[수온] 살모사이기[상온] 때문에 도망가려는 의지[행온]가 생긴다. 이러한 모든 현상들은 모두 뇌활성에 의한 것이다. 뇌활성은 법경이기 때문에 의근에 포섭된다. 의근에 포섭되면 의식[육식 가운데 하나인 의식]이 되고, 의식은 모여서 마음(식온, 의식)이 된다. '저것은 무서운 살모사이니 도망가야지'하는 작은 한 조각의 식온이 생성된 것이다.

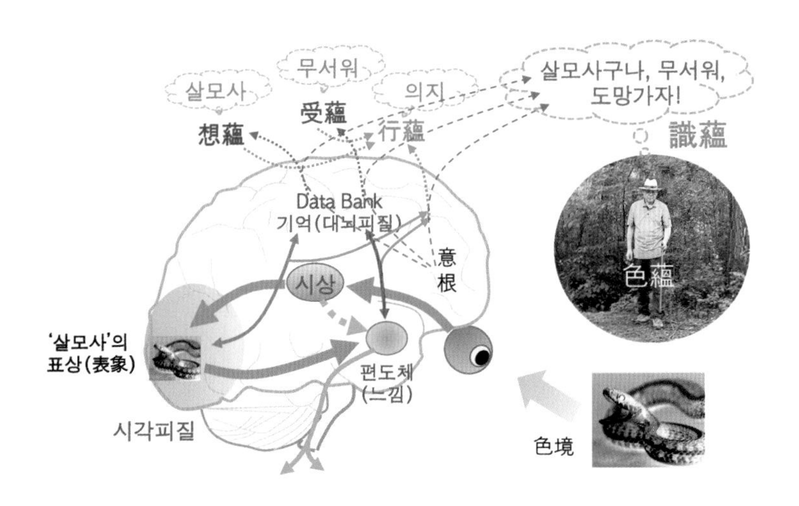


[안식 식온의 생성과정]
안근이 색경(살모사)을 포섭하여 신경신호(활동전위)로 변환하고 수온, 상온, 행온을 생성한다. 이 과정에 의근이 작용하여 느낌과, 앎과, 행동의 의지를 만든다. 생성된 수온, 상온, 행온, 그리고 나의 몸(색온)의 반응은 의근에 포섭되고 통합되어 식온(마음)을 만든다.

② 의근에 의한 마음의 통합

전오근과 의근에 대하여 붓다는 다음과 같이 가르쳤다.

3. 고따마 존자시여, 다섯 가지 감각기능은 각각 다른 대상과 각각 다른 영역을 가져서 서로 다른 대상과 영역을 경험하지 않습니다.

무엇이 다섯입니까?
눈의 감각기능, 귀의 감각기능, 코의 김각기능,
혀의 감각기능, 몸의 감각기능입니다.
고따마 존자시여, 이처럼 다섯 가지 감각기능은 각각 다른 대상과 각각 다른 영역을 가져서 서로 다른 대상과 영역을 경험하지 않습니다. 그렇다면 이들 다섯 가지 감각기능은 무엇을 의지합니까?
무엇이 그들의 대상과 영역을 경험합니까?

4. 바리문이여, 다섯 가지 감각기능은
각각 다른 대상과 각각 다른 영역을 가져서 서로 다른 대상과
영역을 경험하지 않는다. 무엇이 다섯인가?
눈의 김각기능, 귀의 감각기능, 코의 감각기능,
혀의 감각기능, 몸의 감각기능이다.
바라문이여, 이처럼 다섯 가지 감각기능은 각각 다른 대상과 각각
다른 영역을 가져서 서로 다른 대상과 영역을 경험하지 않는다.
이들 다섯 가지 감각기능은 마노[意]를 의지한다.
마노[意]가 그들의 대상과 영역을 경험한다.

[상윳따 니까야]
운나바 바라문 경(Unnãbhabrãhmana-sutta) (S48:42)[42]

---

42) 운나바 바라문 경. 상윳따 니까야 제5권 '수행을 위주로 한 가르침', p.585-586. 각묵스님 옮김. 초기불전연구원. 2009.

마음(식온)은 수온·상온·행온을 거쳐서 나의 몸(색온)에 일어나며, 수온 · 상온 · 행온은 육식에 근거하여 생성된다. 육식 가운데 전오식의 생성은 여섯 번째 식인 의식이 생성되는 과정과 다르다. 그것은 전오근의 작동방식이 의근의 작동방식과 다르기 때문이다.

위의 경전에서 다섯 가지 감각기능(전오근)은 각각 특이적인 대상과 영역을 가져서 서로 다른 대상과 영역을 경험하지 않는다고 한다. 각각의 전오근은 자기 영역에서만 기능한다는 뜻이다. 우리는 눈으로 들을 수 없고, 귀로 볼 수 없다. 전오근은 자기의 대상만 포섭한다. 하지만 의근은 다르다. 의근은 법경을 포섭하는 감각기관이다. 그런데 의근은 전오식도 포섭하여 모든 감각을 통합해서 의식한다. 전오식도 법경이기 때문이다. 전오식은 뇌활성이며 뇌활성은 법경이다. 이와 같이 다섯 가지 감각(전오식)은 마노[意, 의근]를 의지한다. 마노[意]가 전오식의 대상과 영역을 경험한다는 것이다. 마노(mano, 意)는 의근이다. 의근이 전오근의 기능을 통합한다.

의근은 식온을 만드는 과정에 일일이 관여한다. 예로서, 안식온을 보자. 색경을 안근이 포섭하여 안식을 만든다. 안식은 뇌에 생성된 모양에 대한 이미지(상)이다. 이 이미지는 안식온(안식신 眼識身)을 생성한다. 안식온의 과정은 그 이미지에 대한 안수온, 안상온, 안행온을 동반한다. 의근은 이 모든 과정에 관여한다. 이들은 모두 뇌활성이고 뇌활성은 법경이 되어 의근에 포섭되기 때문이다. 의근은 매우 빠른 속도로 이 모든 법경들을 포섭하여 의식으로 불러들인다. 의근은 빠른 속도로 여러 가지 대상들에 대한 의식(육식)을 만들고, 그 의식들은 수온·상온·행온을 만들며 이들은 다시 의근에 포섭되어 하나의 통합된 이야기를 만든다. 그것은 각각의 의식의 의미가 된다. 마음이 된 것이다.

이와 같이 오온은 육식이 생긴 이후의 사건이다. 육식이 없으면 오온도 없다. 보지 못하고 듣지 못하는데 안식온, 이식온이 있을 수 없다. 식온이 없으면 '나'는 없다. 감각(육식)이 없으면 '나(오온)'도 없다는 것이다.

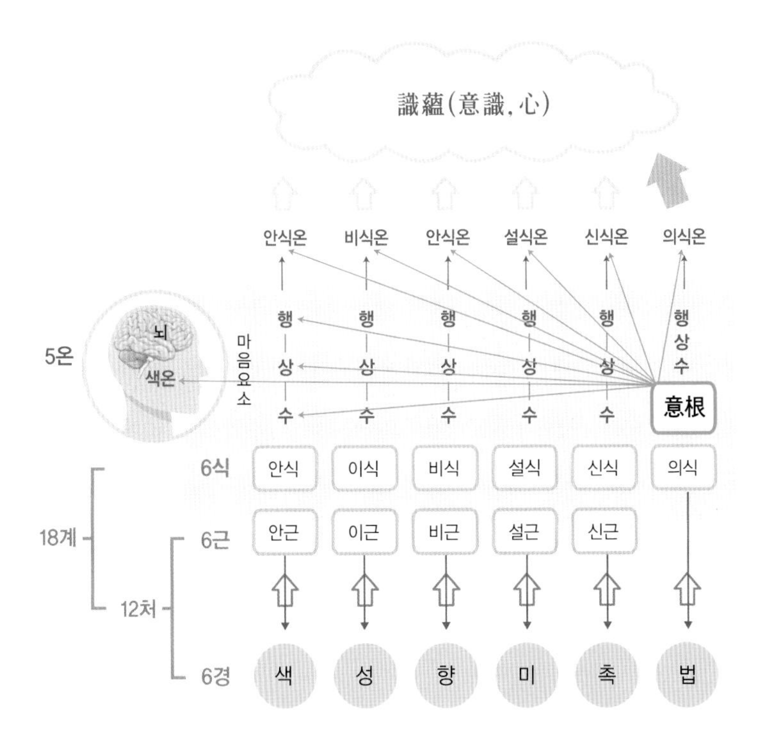


**[5온, 12처, 18계와 의근의 통합기능]**

오온은 '나'를 이룬다. 나의 몸(색온)에 의식의 무더기(식온)가 생긴 것이 '나'이다. 식온은 마음요소(수온 · 상온 · 행온)와 함께 생성되는데 그것은 6식에 근거한다. 육식은 육근이 육경을 포섭하여 만든 것이다. 이 모든 과정에 의근이 일일이 관여한다. 의근은 빠른 속도로 이들을 포섭하여 작업기억(working memory) 속으로 불러들인다. 그것은 식온(의식) 즉 마음이다.

## 2. 왜 붓다는 '나는 五蘊이다'라고 하였을까?

### 1) 오온은 괴로움에서 벗어나는 붓다의 통찰이다

오온은 '나는 무엇인가' 하는 질문에 대한 붓다의 분석적이고 과학적인 답이다. 고타마가 당면하여 해결하고자 했던 것은 인생의 '괴로움(苦)'의 문제였다. 고타마는 '인간은 왜 生老病死의 괴로움을 겪는가' '괴로움(苦)의 원인이 무엇인가'에 대하여 해답을 찾아내고 '깨달은 자' 붓다가 되었다. 고타마는 무엇을 깨닫고 '깨달은 자' 붓다가 되었는가?

여기에서 우리는 '괴로움(苦)'의 뜻에 대하여 좀 더 깊게 이해할 필요가 있다. 아래에 초기불교학자인 Walpola Rahula의 설명을 들어보자.[43)]

'괴로움(苦)'으로 번역되는 빨리어(Pali)는 dukkha(산스크리트어 duhkha)인데 일반적으로 사용될 때는 '괴로움, suffering', '아픔, pain', '슬픔, sorrow' 혹은 '비참함, misery'의 의미이다. 이는 '행복,

---

43) Walpola Rhahula 저. What the Buddha taught (revised edition). 2006. Buddhist Culture Center, Dehiwala, Sri Lanka.

happiness', '위안, comfort' 혹은 '편함, ease'를 의미하는 sukha에 대비된다. 하지만 사성제[四聖諦, Four Noble Truth: 고(苦)·집(集)·멸(滅)·도(道)]의 첫 번째 성제(the First Nobel Truth)인 '고(苦)'를 의미하는 dukkha는 보다 깊은 철학적 의미를 가지며 굉장히 광범위한 의미를 함축한다. 첫 번째 성제에서 dukkha는 분명 일반적 의미로서 苦(suffering)를 포함하지만 '불완전(imperfection)', '덧없음(impermanence)', '허무(emptiness)', '공허(실체가 없음, insubstantiality)'와 같은 보다 심오한 의미도 함유한다.[44] 따라서 dukkha는 부적절하고 의미가 왜곡되게 번역하느니 원어를 사용하는 것이 낫다.

dukkha는 세 가지 측면에서 볼 수 있다. (1) 일반적 의미의 고통으로서 dukkha(suffering that is suffering - Dukkhata Dukkha), (2) 변형에 의하여 생성되는 dukkha(suffering due to change – viparinam-dukkha), (3) 조건 지어진 상태로서 dukkha(dukkha as conditioned states - samkhara-dukkha).[45] 첫 번째와 두 번째 측면에서 dukkha는 이해하기 쉽다. 일상생활에서 흔히 경험하는 고통이기 때문이다. 하지만 세 번째 측면의 dukkha는 첫 번째 성제 즉 苦의 가장 중요한 철학적 의미를 갖는데 '존재(being)', '개체(individual)', 혹은

44) ibid. p.17.
45) ibid. p.19; Vism (PTS), p.499; Abhisamuc, p.38.

'나(I)'라고 하는 것은 분석해보면 이들은 모두 '조건 지어진 상태'라는 것이다. 이는 곧 dukkha 바로 그 자체이다.

우리는 어떤 존재나 '나'에 집착한다. 어떤 '무엇(존재)'나 '나'가 있고 그것에 가치를 부여한다. 우리는 그 가치에 집착하여 그것을 가질 수 없음에 괴로워하고, 그것이 변화함에 괴로워한다. 하지만 자세히 분석해보면 '존재', '개체', 혹은 '나'라고 하는 것은 물질적, 정신적 세력 혹은 에너지의 조합[인연]으로 이루어지는데 이 인연은 항상 변화한다. '나'도 다섯 가지 요소 혹은 무더기[오온]로 나누어 보면 오온은 항상 변하기 때문에 변하지 않는, 집착할 만한 '나'는 없는 것이다. 이런 '나'에 애착(집착)을 가지니 고통이 따른다. 붓다는 '간단히 말하면 집착(애착)의 다섯 가지 무더기(오온)가 dukkha이다'[46] 라고 설했다. 또한 dukkha를 직접적으로 오온으로 정의하였다. 즉 dukkha와 오온은 다른 말이 아니며, 오온 그 자체가 dukkha라는 것이다.[47] '조건지어지는 것'은 변화하고 변화하는 것은 dukkha이기 때문이다.

이와 같이 붓다는 '나' 를 포함한 생멸하는 모든 것은 色·受·想·行·識의 다섯 요소로 되어 있다고 분석했다. 이 다섯 가지 요소는 시간이

46) In short these five aggregates of attachment is dukkha.

47) Walpola Rhahula 저. What the Buddha taught (revised edition). 2006. Buddhist Culture Center, Dehiwala, Sri Lanka.. p.20.

흐름에 따라 끊임없이 변형된다. 장미꽃도 시간이 지남에 따라 변형되고 '나'도 시간에 따라 변형된다. 인간 또한 시간이 지남에 따라 늙고, 병들고, 죽는다. 하지만 인간들은 본능적으로 변치 않는 '나(我)'와 '나의 것(我所)'이 존재한다고 믿는다. 모든 것은 변하는데 이러한 무상(無常)한 것에 집착(執着)하는 무지(無知)로 인해서 인간은 괴로워한다고 분석했다. 다섯 가지로 나누어 보면 원래 모든 것은 변하는 것이고 고정불변의 그 무엇은 없다. '나'도 없고 세상 저 밖의 '그 아무 것'도 없다. 이러한 사실을 통찰하고 괴로워하지 말아야 한다는 것을 붓다는 가르친다.

### 2) 五蘊은 心身問題를 속성이원론으로 본 것이다

五蘊은 識이 인식 대상으로부터 뇌의 受·想·行 마음 작용을 거쳐 생성된다는 것을 알려준다. 기원전 6세기경에 붓다는 이 사실을 간파했다. 르네 데카르트(René Descartes, 1596년 3월 31일 - 1650년 2월 11일)는 17세기의 학자임에도 정신과 물체는 상호 간에 독립적인 실체로 존재한다는 심신이원론을 주장했다. 그는 신으로부터 받은 영과 감각에 의하여 만들어지는 마음이라는 실체가 뇌의 송과선에 있다고 했다. 데카르트 시대보다 2천년이나 앞선 시대에 살았던 붓다는 놀라운 통찰력으로 '마음(식온)은 뇌에서 생성된다' 는 속성이원론을 간파했다.

### 3) 불교의 인간 중심 세계관

불교는 인간이 인식할 수 있는 구체적 현실 세계의 관찰에서부터 시작한다. 인식되지 않는 것은 존재하지 않는 것으로 보는 것이 불교의 기본 입장이다. 신이나 우주의 원리와 같은 초월적인 진리를 설정하지 않는다. 자신이 주관이 되어 세상을 바라본다. 인간만이 소유하는 특질인 생각(意, manas, 사량, 思量)하는 능력이 있기 때문이다. 세상 저 밖에 존재하는 것은 중요하지 않다. '나' 안에 주관적으로 생기는 오온이 나의 전부이다. 모든 존재를 인식 대상으로, '나'를 인식주체로 설정한다. 인간이 세상의 중심이다.

오온이 나의 전부라고 붓다는 생각했다. 오온 가운데에서도 결국 나의 몸뚱이[색온]에 생기는 의식[마음, 식온]이 전부이다. 수온, 상온, 행온은 의식을 만드는 마음 작용이기 때문이다. 몸뚱이는 어쩔 수 없다. 하지만 의식은 내가 바꿀 수 있다. 의식은 마노[mano, manas, 意, 마음]가 법경을 포섭하여 만들기 때문이다. 마노를 잘 다스리면 포섭하는 대상[법경]을 잘 가려서 괴로움에서 벗어나 평온한 마음을 유지할 수 있다. 그것이 괴로움에서 벗어나 부처가 되는 수행과정이다.

### 3. 붓다의 깨달음 : 12연기(緣起)와 사성제(四聖諦)

붓다는 '나'와 모든 것은 다섯 가지 요소(五蘊)로 되어 있고, 이들은 고정불변의 어떤 실체가 아니라 조건에 의하여 변하는 존재임을 가르치고 있다. 여기에서 우리는 자연히 연기의 원리를 본다. '나'라는 것은 다섯 가지 요소(五蘊)가 원인이 되어 생긴 것이다.

붓다가 깨달은 핵심은 모든 것이 생길 때는 원인이 있고, 원인이 없어지면 그것 또한 없어진다는 연기(緣起)이다. '나'도 다섯 가지 무더기의 연기에 의해서 생긴 것이다. '모든 것이 서로 의지하여 일어나고, 이것이 있기에 저것이 있고, 이것이 멸하기에 저것도 멸하는 것이라'라는 緣起의 진리다.

모든 것이 생길 때는 원인이 있고, 원인이 없어지면 그것 또한 없어진다는 것이다. 인연에 의하여 생겨나고 인연에 의하여 변하는 존재임을 알면 이러한 과정을 괴로워해야할 필요가 없다. 괴로움을 겪는 '나'라는 존재는 시간이 바뀌면 몸(色蘊)도 변하고, 느낌(受蘊)도 변하고, 인식(想蘊)도 변하고, 심리현상(行蘊)도 변하고, 의식(識蘊)도 변한다. '나'는 다섯 가지 원인 요소들의 모임일 따름인데, 다섯 가지 요소는 변하니 '나'는 결국 변한다. 나 자신 뿐만 아니다. 세상의 모든 것은 변한다. 변하는 것들과 연기하여 나 또한 변해가는 것이 당연한 진리이다.

변하지 않는 '나'가 있다고 집착하지 말라. 변하지 않아 생노병사가 없어야 한다고 생각하는 것이 무지이고 그 무지는 괴로움이다. 그러니 빨리 이런 진리를 깨달아 괴로움에서 벗어나라고 한다.

붓다는 연기를 12단계로 나누어 이해하였다. 소위 12연기설이다. 상윳따 니까야 제2권 연기를 위주로 한 가르침, 제12주제 인연 상윳따(S12) 제1장 부처님 품, 연기(緣起) 경(S12:1)에 다음과 같이 연기를 설명한다.

2. "비구들이여, 그러면 어떤 것이 연기인가?

비구들이여,
무명을 조건으로 형성[行]이, 형성을 조건으로 의식이[識],
의식을 조건으로 정신 · 물질[名色]이, 정신·물질을 조건으로
여섯 감각장소[六入]가, 여섯 감각장소를 조건으로
감각접촉[觸]이, 감각접촉을 조건으로 느낌[受]이,
느낌을 조건으로 갈애[愛]가, 갈애를 조건으로 취착[取]이,
취착을 조건으로 존재[有]가, 존재를 조건으로 태어남[生]이,
태어남을 조건으로 늙음 · 죽음[老死]과
슬픔 · 비탄 · 고통 · 근심 · 번민[憂悲苦惱]이 발생한다.

이와 같이 전체 괴로움의 무더기[苦蘊]가 발생한다.
비구들이여, 이를 일러 연기라 한다."

3. "그러나 무명이 남김없이 소멸하기 때문에 형성이 소멸하고,
형성이 소멸하기 때문에 의식이 소멸하고,
의식이 소멸하기 때문에 정신 · 물질이 소멸하고,
정신 · 물질이 소멸하기 때문에 여섯 감각장소가 소멸하고,
여섯 감각장소가 소멸하기 때문에 감각접촉이 소멸하고,
감각접촉이 소멸하기 때문에 느낌이 소멸하고,
느낌이 소멸하기 때문에 갈애가 소멸하고,
갈애가 소멸하기 때문에 취착이 소멸하고,
취착이 소멸하기 때문에 존재가 소멸하고,
존재가 소멸하기 때문에 태어남이 소멸하고,
태어남이 소멸하기 때문에 늙음 · 죽음과
슬픔 · 비탄 · 고통 · 근심 · 번민이 소멸한다.
이와 같이 전체 괴로움의 무더기[苦蘊]가 소멸한다."

[상윳따 니까야]
연기(緣起) 경(S12:1)

이를 도식화하면 다음과 같다.

무명 – 행 – 식 – 명색 – 육입 – 촉 – 수 – 애 – 취 – 유 – 생 – 노사

〈12연기〉

⇨ 순관 역관 ⇦

어리석음[무명]을 원인으로 해서 순차적으로 일어나는 괴로운 삶의 인연과정을 관찰한 것을 순관이라 한다. 반대로 그 인연과정을 역으로 관찰한 것을 역관이라 한다. 이처럼 붓다는 생로병사를 겪는 인간의 괴로움이 모두 원인이 있어 일어난다고 보았다. 그 과정을 12단계의 원인과 결과로 해체한 것이 12연기이다.

붓다는 괴로움의 인연관계를 파악했을 뿐 아니라 이 괴로움의 사슬에서 벗어나는 길을 알려주었다. 그것은 팔정도(八正道)와 사성제(四聖諦)이다.

1) 붓다의 깨달음 과정

고타마 싯다르타는 기원전 6세기경 현재의 네팔 남부와 인도의 국경 부근 히말라야 기슭에 있었던 샤카족의 왕자로 태어났다.[48] 성문을 나

와 생로병사의 고통을 목격하고 인간은 왜 이런 고통을 겪어야 할까, 이런 고통에서 벗어날 방법은 없을까, 번뇌하다가 그 방법을 구하고자 그는 29세에 출가한다.

수행자 고타마는 당시의 유명한 수도자들을 찾아 배웠다. 하지만 스승들의 경지에 도달하여서도 괴로움을 벗어나 영원한 평화를 얻을 수 없음을 알고는 당시 다른 사문(沙門)[49]들이 그러하였듯 고타마는 6년에 걸친 극심한 고행을 하였으나 그럼에도 깨달음을 얻지 못했다. 고타마는 고행도 깨달음을 얻게 하지 않음을 알고 고행을 포기하고 보리수 아래에 향기로운 풀을 깔고 결가부좌를 한다. 깨닫지 못하면 그 자리를 떠나지 않겠다고 맹세하며 조용히 내면 관찰을 하며 생·노·병·사의 본원을 끊어 없애는 길을 구도한다. 욕망을 끊는 이 구도의 길이 얼마나 어려웠는지는 마왕(魔王)들과의 싸움으로 묘사되었다.

---

48) 1950년 세계불교도우의회(WFB)가 창립된 후 1956년에 상좌부불교(스리랑카와 동남아) 국가들은 붓다의 탄생지인 룸비니(Lumbini)에서 붓다의 반열반 2500년 기념식을 성대히 거행했다. 이는 붓다의 탄생과 열반을 기원전 624년 ~ 544년으로 본 것으로 현재 모든 불교 국가 및 UN에서 통일 불기로 채택하여 사용하고 있다(https://ko.wikipedia.org/wiki/석가모니).

49) 사문(沙門)은 슈라마나(산스크리트어: श्रमण śramaṇa, 팔리어: samaṇa)의 음역으로 시 여러 선법(善法)을 근수(勤修)하고, 악법(惡法)을 행하지 않으며, 심신을 조어(調御)하여 청정(淸淨)한 깨달음의 길을 지향(志向)하고 노력함을 뜻하는 것으로, 출가자의 총칭으로 되어 있다. [출처https://ko.wikipedia.org/wiki/사문]

첫 번째 마왕은 육체의 욕망 즉 색욕(色欲)이다. 둘째는 욕망, 혐오, 집착 등 마음속의 온갖 번뇌(煩惱)이고, 셋째는 권력욕(權力欲)이다. 이 모든 마왕과의 싸움에서 이긴 고타마는 마침내 깨달음을 얻고 붓다(깨달은 자)가 된다. 불교가 시작된 역사적인 날이다. 고타마 나이 35세였다.

2) 초기불교에서 보는 마음과 존재의 상관관계 - 마음이 존재를 주관한다.

모든 존재는 내가 인식하는 마음에 포섭되는 그 무엇이다. 마음에 포섭되지 않는 것은 존재하지 않는다. 세상만사는 내가 주관이 되어 만들어내는 것이다. 불교는 '나'를 중심으로 한 세계관을 제시함을 볼 수 있다. 따라서 모두 내가 의식하기 나름이다. 불교의 핵심 교리는 '모든 存在[萬法]는 因緣生起한다'는 것이다. 因緣 즉 조건이 있기 때문에 만들어진다(生起)는 뜻으로 조건이 달라지면 현재의 존재는 달라진다. 조건은 필시 시시각각으로 달라지기 때문에 항상 동일하게 존재하는 것은 없다고 본다. 제행무상(諸行無常)이다.

같은 이치로 고정·불변하는 '나'는 없다. - 무아(無我)인 것이다. 붓다는 조건에 의하여 존재하고 조건이 변하면 따라서 변한다는 진리를 가르친다. 모든 존재는 무아[제법무아(諸法無我)]임을 깨닫고, 변하지 않는 '나' 혹은 '무엇'이 있다고 집착하지 말아야 한다. 무상함을 집착하는 어리석음에서 깨어나 괴로움에서 벗어나야 된다고 가르친다[열반적정(涅槃寂靜)]. 제행무상(諸行無常), 제법무아(諸法無我), 열반적정(涅槃寂靜). 불교의 핵심 가르침인 삼법인(三法印)이다.

붓다는 육근에 의하여 포섭된 만법이 뇌에 들어와 마음을 생성하는 기전을 간파했다. 세상 저 밖의 모든 존재는 나의 인식이 만드는 것이다. 즉 나의 마음이 모든 존재를 결정한다. 나를 포함한 모든 존재는 조건 지어진 인연으로 생긴다. 조건이 사라지면 모든 존재는 사라진다. 사라지지 않는다고 집착하면 괴로움이다.

현대 과학적으로 보면 붓다는 괴로운 마음을 일으키는 원인을 신경과학적 과정으로 분석하고 이를 없애는 방법을 제시한 뇌과학자였다.

제3장

# 前五根과 前五識의 뇌과학

六識 가운데 眼識·耳識·鼻識·舌識·身識을 前五識이라 하며,
前五識을 만드는 根을 前五根이라 한다.
前五根이 前五境을 포섭하여 뇌라는 마음거울에
뇌활성으로 맺는 상(image)이 前五識이다.
이 상(前五識의 뇌활성)이 意根에 포섭되면
受蘊 · 想蘊 · 行蘊 · 識蘊을 만든다.
즉, 전오식은 법경이 되어 나의 마음을 만든다.
이 장에서는 前五根의 구조와 前五識을 만드는
신경과학적 원리를 설명한다.

'여섯 가지 안의 감각장소를 알아야 한다.'라고 한 것은
무엇을 반연하여 한 말인가?
눈의 감각장소, 귀의 감각장소, 코의 감각장소, 혀의 감각장소,
몸의 감각장소, 마노의 감각장소가 있다.
'여섯 가지 안의 감각장소를 알아야 한다.'라고 한 것은
이것을 반연하여 한 말이다. 이것이 첫 번째 여섯이다."

'여섯 가지 밖의 감각장소를 알아야 한다'라고 한 것은
무엇을 반연하여 한 말인가?
형색의 감각장소, 소리의 감각장소, 냄새의 감각장소, 맛의 감각장
소, 감촉의 감각장소, 법의 감각장소가 있다.
'여섯 가지 밖의 감각장소를 알아야 한다.'라고 한 것은
이것을 반연하여 한 말이다. 이것이 두 번째 여섯이다."

'여섯 가지 알음알이의 무리를 알아야 한다.'라고 한 것은
무엇을 반연하여 한 말인가?
눈과 형색들을 조건으로 눈의 알음알이가 일어난다.
귀와 소리들을 조건으로 귀의 알음알이가 일어난다. 코와 냄새들을
조건으로 코의 알음알이가 일어난다. 혀와 맛들을 조건으로 혀의 알음
알이가 일어난다. 몸과 감촉들을 조건으로 몸의 알음알이가 일어난
다. 마노[意]와 법들을 조건으로 마노의 알음알이가 일어난다.

'여섯 가지 알음알이의 무리를 알아야 한다.'라고 한 것은
이것을 반연하여 한 말이다. 이것이 세 번째 여섯이다"

'여섯 가지 감각 접촉의 무리를 알아야 한다'라고 한 것은
무엇을 반연하여 한 말인가?
눈과 형색들을 조건으로 눈의 알음알이가 일어난다.
이 셋의 화합이 감각 접촉이다. 귀와 소리들을 조건으로 귀의 알음
알이가 일어난다. 이 셋의 화합이 감각 접촉이다.
코와 냄새들을 조건으로 코의 알음알이가 일어난다.
이 셋의 화합이 감각 접촉이다. 혀와 맛들을 조건으로 혀의 알음알
이가 일어난다. 이 셋의 화합이 감각 접촉이다. 몸과 감촉들을 조건으
로 몸의 알음알이가 일어난다. 이 셋의 화합이 감각 접촉이다.
마노와 법들을 조건으로 마노의 알음알이가 일어난다.
이 셋의 화합이 감각 접촉이다.
'여섯 가지 김각접촉의 무리를 알아야 한다.'라고 한 것은
이것을 반연하여 한 말이다. 이것이 네 번째 여섯이다"

[맛지마 니까야]
여섯씩 여섯[六六] 경 [Chachakka Sutta (M148)],
해체해서 보기(vinibbhoga- dassana)[50]

50) 여섯씩 여섯[六六] 경 [Chachakka Sutta (Ml48)], 해체해서 보기(vinibbhoga-dassana). 맛지마 니까야 제4권 p.779-580. 대림스님 옮김. 초기불전연구원. 2009.

## 1. 십이처(十二處)·십팔계(十八界)

불교는 철저하게 주관적(즉, '나') 관점에서 세상을 본다. 세상의 '저것'이 나에게 어떻게 인식되는지가 중요하다는 것이다. 초기불교에서는 좀 더 체계적으로 이를 십이처(十二處)·십팔계(十八界)로 정리한다. 일체의 존재 즉, 우주에 존재하는 모든 삼라만상은 우리가 갖는 '열두 가지 인식장소(포섭처, 十二處)'에 의하여 인식되며, 여기에 인식되지 않는 것은 존재하지 않는 것으로 본다. 이는 인간을 중심으로 세상만사를 보는 불교 특유의 '인간중심 세계관'이다.

### 1) 십이처는 육경(六境)과 육근(六根)을 말한다.

모든 것은 인식이 되어야 존재한다. 인식 과정으로 보면 모든 것은 12가지 장소(處)에 '들어간다(분류된다)' 는 뜻으로 '12처' 라 한다.

※ 육경은 6가지 인식대상(認識對象)이다.

① 색(色: 색깔·형체·빛)

② 성(聲: 소리·音)

③ 향(香: 향기·냄새)

④ 미(味: 맛)

⑤ 촉(觸: 접촉·감촉)

⑥ 법(法: 비물질적 인식대상)

※ 육근은 인식대상(존재)들을 인식하는 도구로서의 '감각기관[根]' 이다.

① 안(眼: 눈)

② 이(耳: 귀)

③ 비(鼻: 코)

④ 설(舌: 혀)

⑤ 신(身: 몸·피부)

⑥ 의(意: 마음거울, 생각 감지기능)

불교의 世界觀에서는 六根과 六境 열두 가지 포섭처에 인식되지 않는 것은 존재하지 않는 것으로 본다. 이것이 十二處說이다. 십이처를 간략히 '안·이·비·설·신·의·색·성·향·미·촉·법'이라 하기도 한다.

2) 十八界 : 十二處에 '의식작용인 六識' 이 합한 것이다

| 18계(界) | 12처(處) | 6근(根) | 안(眼) | 이(耳) | 비(鼻) | 설(舌) | 신(身) | 의(意) |
|---|---|---|---|---|---|---|---|---|
| | | 6경(境) | 색(色) | 성(聲) | 향(香) | 미(味) | 촉(觸) | 법(法) |
| | | 6식(識) | 안식(眼識) | 이식(耳識) | 비식(鼻識) | 설식(舌識) | 신식(身識) | 의식(意識) |

인식 대상(六境)이 인식 기관(六根)을 만나 일어나는 6가지 인식 즉 육식[六識: 眼識, 耳識, 鼻識, 舌識, 身識, 意識]을 12처에 합하여 十八界라 한다. 따라서 세상의 모든 것은 五蘊, 十二處, 十八界로 설명하며 여기에 속하지 않는 것은 없다는 것이 초기불교의 기본교리이다.

六識 가운데 意識을 제외한 眼識, 耳識, 鼻識, 舌識, 身識을 前五識이라 한다. 오감을 인식하는 것이다. 前五識은 다시 뇌활성이기 때문에 意根의 인식 대상이 되는 法境이다. 따라서 意根은 前五識을 인지하여 意識으로 불러 모은다.

3) 意根은 前五識까지 통합하여 마음을 생성한다.

前五識은 각기 독자적이며 동시다발적으로 생성된다. 이들은 뇌에 생성된 활성 즉 뇌활성이며, 뇌활성은 곧 법경이다. 의근은 이 법경들에 빠른 속도로 번갈아 접근하여 의식을 만들며, 이들은 하나의 통합된 마음이 된다. 의근이 빠르게 대상을 포섭한다는 증거를 '시선추적'을 예로서 설명한다.

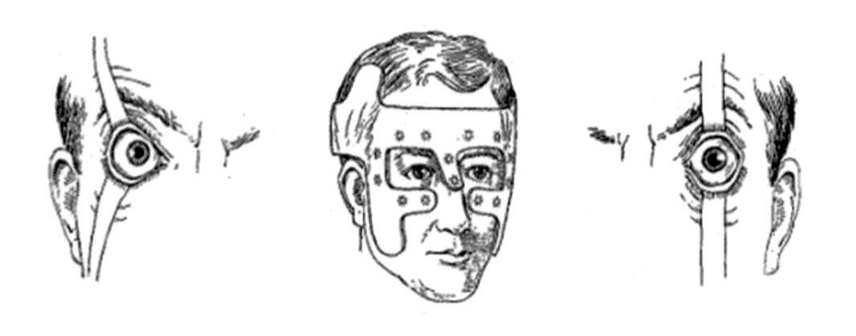

[Alfred Yarbus가 고안한 눈동자 추적장치]

위 그림은 러시아 심리학자인 Alfred Yarbus가 1960년도에 고안한 '눈동자 추적장치(eye tracting apparatus)를 착용한 모습이다.[51] 이 장치는 눈의 움직임을 추적한다. Yarbus는 이 장치를 이용하여 시각(vision)을 추적했다.

**[시선추적의 예]**

'예기치 않은 방문자(Unexpected Visitor)' 그림(왼쪽)을 보는 사람의 시선이 가는

51) Yarbus, Alfred. Eye Movements and Vision. Plenum Press, New York, 1967.

곳을 추적하였다(오른쪽). 그림을 이해하는데 중요한 부위에 시전이 집중적으로 감을 보여준다.

왼쪽 그림은 러시아 화가 Ilya Repin의 그림 "예기치 않은 방문자[Unexpected Visitors" (or "They Did Not Expect Him")]이다.[52] Yarbus는 이 그림을 감상하는 관람자의 시선을 추적했다(오른쪽 그림).[53] 이 시선추적연구를 통하여 Yarbus는 정보가 많은 곳으로 시선이 번갈아가며 향한다고 주장했다. 우리의 시선은 그림이 전해주고자 하는 자세한 의미가 담긴 곳에 관심이 간다. 즉, 시선은 그림의 의미를 알 수 있는 단서들에 주로 향한다.

우리는 여기에서 중요한 사실을 알 수 있다. 시선이 한자리에 머무르지 않는다는 사실이다. 시야의 중요한 곳부터 시선이 가고 차례로 그 다음 중요한 곳으로 시선을 옮겨 그림 전체의 의미를 간파한다. 보다 자세한 내용을 알기 위하여 중요한 부분을 더 자세히 본다. 즉, 그림의 불청객의 얼굴을 더 자세히 보고 표정을 읽어낸다. 이 과정에서도 시선은 계속 옮겨 다닌다. 눈, 코, 이마 등등. 시선을 옮기는 것은 초점을 그 곳에 맞추기 위함이다. 그런데 초점을 동시에 두 곳에 맞출 수 없다. 반면에 빠른 속도로 이곳저곳에 초점을 맞춘다. 빠른 속도로 짧은 시간

52) Ilya Repin, "Unexpected Visitors" (or "They Did Not Expect Him"), 1884-1888. Oil on canvas. 63.19 x 65.95 in. The Tretyakov Gallery, Moscow, Russia.
53) Yarbus, Alfred. Eye Movements and Vision. Plenum Press, New York, 1967.

안에 각 부분들이 의식에 들어오면 전체가 하나로 통합되어 보인다. 전체를 동시에 본 것으로 착각하는 것이다.

다른 예로 아래 그림을 보라. 스카프를 한 소녀와 할머니가 동시에 인지되지 않는다. 소녀를 보면 할머니가 보이지 않고 할머니를 보면 소녀가 보이지 않는다. 눈의 초점을 동시에 두 곳에 맞출 수 없음을 보여주는 좋은 예이다. 사실 소녀를 볼 때도 눈썹, 코, 볼, 귀, 스카프, 머리 등으로 시선은 빠르게 계속 옮겨간다. 이와 같이 마음은 작은 인식 조각들이 모여서 하나의 통합된 심적 장면(mental scene)으로 이루어진다.

**['아내와 장모(wife and mother-in-law)']**

오른쪽 그림은 1888년 작가 미상 독일인이 그린 그림이다. 우리는 '아내'와 '장모'(혹은 '소녀'와 '노파'를 동시에 볼 수 없다.

## 2. 前五識의 뇌과학

붓다는 인간을 포함한 생멸·변화하는 모든 것을 五蘊[色·受·想·行·識]으로 이해한다. 그리고 외부에 존재하는 일체의 존재는 우리가 갖는 '열두 가지(十二處) 포섭처'에 의하여 우리 마음속으로 들어오며, 十二處 이외의 것은 어느 것도 존재하지 않는다고 초기불교는 가르친다. 十二處는 六根과 六境을 말한다. 六境은 六根을 만나 六識을 일으킨다. 12처에 6식을 합하여 十八界라 한다. 따라서 세상의 모든 것은 五蘊, 十二處, 十八界로 설명되며 여기에 속하지 않는 것은 없다.

十八界는 내가 세상을 주관적으로 인식하는 것이다. '저 밖의 세상'은 六境 → 六根 → 六識의 과정으로 나의 마음에 들어온다. 중요한 것은 '저 밖의 六境'이 아니라 '내 마음속의 六識'이다. 이는 인간을 중심으로 세상만사를 보는 불교 특유의 '인간 중심 세계관'이다.

六識 가운데 오감에 의하여 만들어지는 眼識·耳識·鼻識·舌識·身識을 전5식(前五識)이라 하며, 前五識을 만드는 根을 前五根이라 한다. 즉, 前五根이 前五境을 만나서 만드는 뇌활성이 前五識이다. 뇌에 생성된 前五識 뇌활성은 다시 意根의 포섭 대상이 된다. 意根의 포섭 대상은 뇌에 생성되는 法境이기 때문이다. 따라서 意根은 前五識까지도 인지하여 意識으로 불러온다. 여기에서는 前五根의 구조와 前五識

을 만드는 신경과학적 원리를 설명한다.

1) 前五根은 물리적 에너지를 전기에너지인 활동전위로 바꾸는 변환기이다

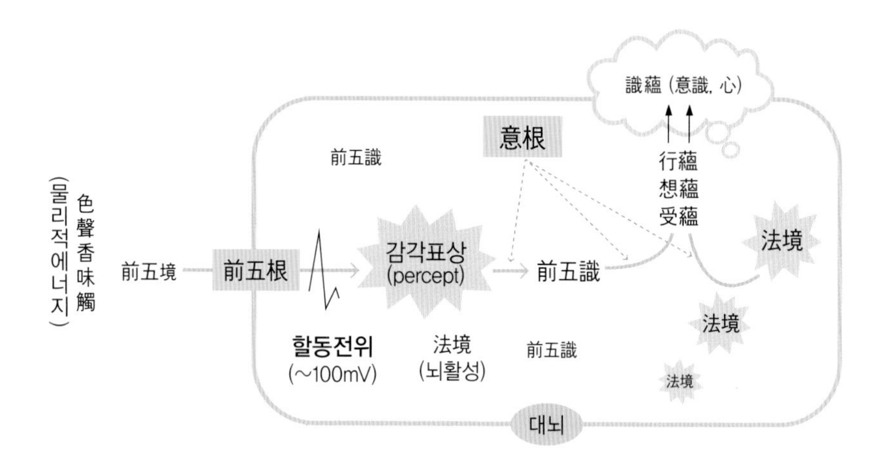


**[전오근, 의근, 마음의 상관관계]**

전오근은 전오경의 물리적 에너지를 활동전위로 변환시켜 대뇌피질에 감각표상을 만든다. 감각표상은 뇌활성임으로 법경이 되고 의근에 포섭되어 전오식이 된다. 전오식 또한 뇌활성(법경)으로 의근에 포섭되어 수온 · 상온 · 행온을 불러일으키고 식온(의식, 마음)을 만든다. 의근은 대뇌 전전두엽에 위치하며 법경(뇌활성)을 감각(포섭)하여 의식(마음)을 만든다.

전5근 안(眼) · 이(耳) · 비(鼻) · 설(舌) · 신(身)은 감각기관(sensory organs)이다. 이들은 모두 외부환경에 있는 물질[색(色, light, λν) · 성

(聲, sound, wave) · 향(香, odorant) · 미(味, chemicals) · 촉(觸, touch)을 감지하여 생체전기, 보다 구체적으로는 신경세포의 활동전위(action potential, ~100 mV)로 바꾸는 변환장치(transducer)이다. 감각기관에서 생성된 감각은 전기신호로 변환되고 이는 척수신경 혹은 뇌신경을 타고 대뇌의 시상(thalamus)으로 들어온다. 시상에서는 각각의 감각이 분류되어 대뇌피질의 해당 1차 감각피질(primary sensory cortex)로 전달되어 감각표상(percept)을 만든다. 전오식이 생성된 것이다. 이는 뇌라는 마음거울에 상(image)이 맺힌 것과 같다. 예외로 후각은 시상을 거치지 않고 곧바로 후각피질로 들어간다. 1차 감각피질에 생성된 표상(신경세포들의 활성, 즉 전오식)을 의근이 감지(포섭)하여 그 감각에 대한 의식을 생성한다. 감각의 정체(identity), 즉 상이 인식된다는 뜻이다.

감각활성은 뇌에 뇌활성 즉 표상(表象, percept)을 생성한다. 이 표상은 法境이다. 이와 같이 전오경도 뇌로 들어오면 법경이 되어 의근에 포섭된다. 의근에 포섭되면 지각(perception)이 일어난다. 그것이 무엇인지 알게 된다는 뜻이다. 표상은 감각대상의 정체(identity), 즉 마음거울(뇌)에 맺힌 이미지(상)이다. 의근은 대상의 정체를 밝히는 의식을 만든다. 대상을 분별하여 알음알이한다는 뜻이다.

## 2) 안근(眼根)과 안식(眼識)의 뇌과학

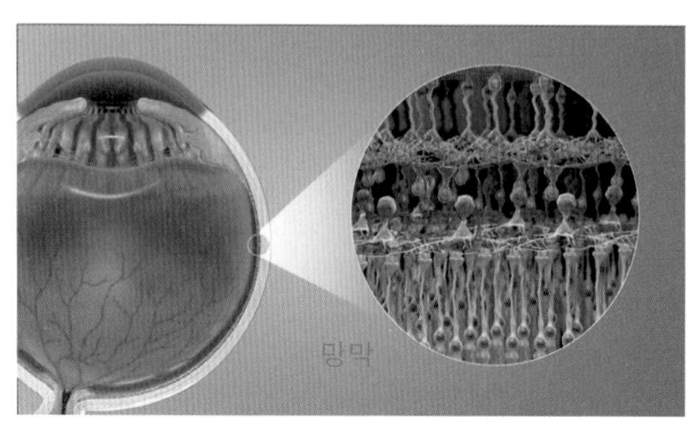


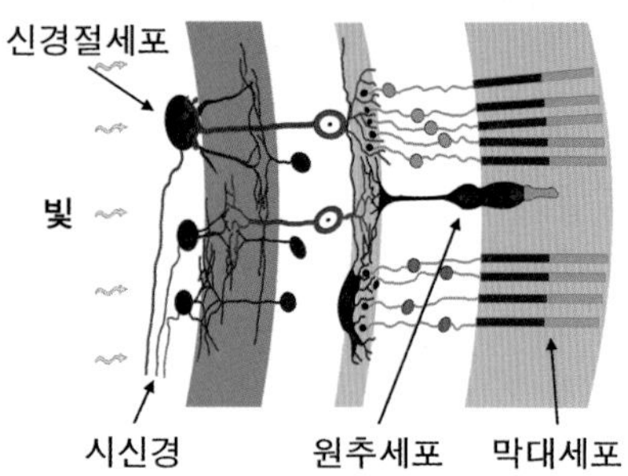


**[망막과 광수용체포]**

왼쪽은 사람의 눈과 망막을 나타내는 그림이다. 망막을 확대하여 세포들의 어울림을 나타냈다. 오른쪽은 망막에 있는 광수용체세포들을 나타낸다. 막대세포는 명암을 감지하고, 원추세포는 색깔을 감지한다. 망막의 신호는 신경절세포가 시신경을 통하여 시상에 전달된다.

위 그림은 눈(안근)의 구조이다. 오른쪽에 망막을 확대하였다. 망막의 가장 가쪽 가장자리에 광수용세포(photoreceptor cell)들이 위치한다. 가시광선만이 눈의 구조들을 통과하여 망막의 광수용세포까지 도달한다. 우리의 시각이 가시광선에 한하는 이유이다. 광수용세포들 가운데는 명암을 감지하는 막대세포(막대광수용세포 rod cell)와 색깔을 감지하는 원추세포(원추광수용세포 cone cell)가 있다. 망막에서는 점(명암 및 색)을 감지한다. 시야는 점들의 집합이다.

아래 그림은 망막에서 밝고 어두움을 감지하는 막대광수용세포(rod cell)를 나타낸다. 광수용세포의 바깥분절(outer segment)이 막대기 모양이라서 막대세포라 한다.

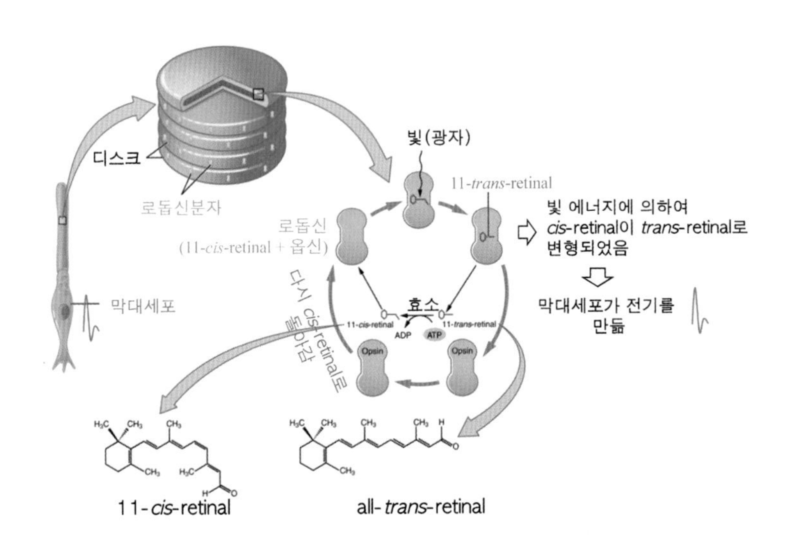


**[막대세포의 명암감지]**

막대세포 디스크 막에는 로돕신이 있다. 로돕신은 옵신단백질이 11-cis-retinal을 품고 있다. 11-cis-retinal은 빛에너지에 의해서 trans-retinal로 모양이 바뀌는데, 이 바뀜을 신호로 하여 막대세포가 활성화되어 전기를 만든다.

■ 명암감지

막대세포의 바깥 분절에는 세포막으로 된 디스크가 쌓여 있는데, 디스크의 막에는 로돕신(rhodopsin)이라는 광수용 단백질(photoreceptor protein)이 있다. 로돕신은 옵신단백질(opsin)이 retinal이라는 화학물질을 품고 있는 것이다. retinal은 빛(light) 에너지(λv)를 받으면 분자구조가 cis-form에서 trans-form으로 모양이 바뀐다(직선모양에서 꺾어진 모양으로 바뀜을 보라). retinal 모양의 바뀜은 이를 품고 있는 옵신단백질의 모양을 바뀌게 한다. 이는 결국 로돕신(retinal + opsin) 모양의 변화를 초래하고 이것이 신호가 되어 막대세포는 전기신호를 생성한다.[54] 로돕신 모양의 변화가 어떻게 전기를 생성하는지는 깊은 세포신호전달 분야이니 설명을 생략한다. 막대세포들의 전기는 망막에 있는 몇 단계의 신경세포를 거쳐 궁극적으로 시신경으로 전달된다.

■ 색깔감지

망막에 있는 원추세포(cone cell)는 색(color)을 감지한다. 원추세포의 세포막에는 로돕신과 비슷한 역할을 하는 세 가지 photopsin

54) http://www.chm.bris.ac.uk/motm/retinal/conversion.gif

(cone opsin)이라는 단백질들이 있다. 이들은 각각 빨강(red), 초록(green), 그리고 파랑(blue) 빛(light)에 반응한다. 빛의 삼원색이다. 원추세포에서 감지된 색깔은 궁극적으로 시신경에 전달된다.

■ 망막에서 점 감지

한편 망막의 광수용세포들 하나하나가 점 혹은 색깔을 감지하지 못한다. 망막에는 광수용세포들이 일정한 모양으로 배치되어 있다. 이러한 배치 양상에 의하여 막대세포들은 어떤 위치의 상대적 '밝은 점'과 '어두운 점'을 감지한다(Box 3-1). 즉, 어떤 지점이 주변보다 밝으면 '밝은 점', 어두우면 '어두운 점'으로 인식된다. 이들을 각각 'ON' center 및 'OFF' center라 한다. 유사한 원리로 3가지 색깔도 감지한다. 각 센터들은 망막의 감각소라고 할 수 있다. 따라서 망막은 흑백필름과 칼라필름이 합쳐져 있다고 할 수 있다. 이렇게 망막에서는 점들을 분석한다. 시야에 펼쳐진 광경은 점들의 집합이다. 우리가 보는 광경은 밝은 점, 어두운 점, 색깔 점들이 모인 것이다. 점이 모이면 선이 되고, 선이 모이면 면이 된다. 낮에는 색깔의 세상이지만 밤이면 명암의 세상이다. 眼識의 시작은 眼根인 눈의 망막에서 점(흑백, 색)의 분석에서 시작한다.

■ 시각신호전달(visual processing)

망막의 점 분석에서 생성된 활동전위는 시신경(optic nerve)을 타고 시상의 가쪽무릅체핵(lateral geniculate nucleus, LGN)으로 가고, 여기에서 시각방사(visual radiation) 신경로를 따라 1차 시각피질(primary visual cortex)로 전달된다. 시상의 가쪽무릅체핵에서 축삭들이 1차 시각피질의 넓은 부위로 쫙 퍼지기 때문에 방사(radiation)라 한다.

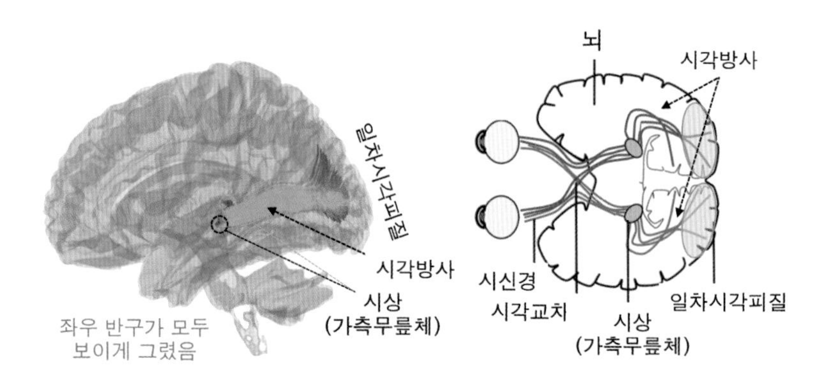


**[시각신호전달]**

망막의 신경절세포(ganglion cell)는 시신경을 뻗어 시상의 가측무릎체로 신호를 전한다. 여기의 신경세포는 시각방사를 이루며 1차 시각피질로 연결된다.

## ■ 시각피질(visual cortex)

1차 시각피질에서 선(선의 각도, 움직임 등)이 분석되고 보다 고차원적인 시각정보(면, 특정형태, 시각공간에서의 위치 등)들은 2차, 3차 시각피질 및 연합피질로 가서 분석된다. 1차 시각피질에는 선을 감지하는 신경세포들이 있는데 이들을 'simple cell'이라고 한다. 이 simple cell들은 각기 특정 방향으로 기울어진 선을 감지한다. 한 차원 높은 정보처리단계인 '움직이는 선'을 감지하는 신경세포는 'complex cell'이라 한다. simple cell의 존재를 처음 알아낸 미국 하버드대학교 후벨(David Hunter Hubel) 교수와 위젤(Torsten Wiesel) 교수는 1981년 노벨 생리의학상을 수상했다.

## ■ '무엇(what)' 분석과 '어디(where)' 분석

한편 손, 얼굴 등 보다 복잡한 형태는 해마(hippocampus) 쪽으로 가면서 분석된다. 이와 같이 복잡한 형태, 즉 '무엇(what)' 에 대한 분석은 측두엽에서 분석되며 가장 최고위에 해마가 있는 것으로 알려져 있다. (166쪽 그림) 한편 공간적 위치, 즉 '어디(what)' 혹은 '어떻게(how)' 에 대한 분석은 두정엽(parietal lobe)로 가면서 분석된다.

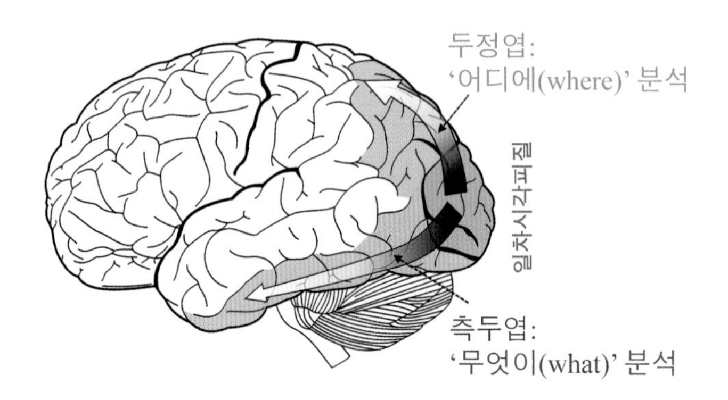


**['무엇'과 '어디' 시각신호전달]**
1차 시각피질(V1)에서부터 두 갈래로 시각분석이 나아간다. 그것이 무엇인지('what')에 대한 분석은 측두엽(temporal lobe)으로 가면서 이루어진다. 이 갈래의 가장 최고위에 해마가 있다. 한편 공간에서 '어디에 있는지(where)' 혹은 공간에서의 위치 변화 즉 '어떻게 움직이는지(how)'에 대한 분석은 뇌의 위쪽 방향인 측두엽(parietal lobe) 쪽으로 가면서 이루어진다. 각각의 최종 분석결과는 전전두엽에 전달된다.

## 시각표상은 언제 의근에 포섭될까?

색경은 안근의 망막에 의하여 신경세포의 활성인 활동전위로 변환되어 시상을 거쳐 1차 시각피질에 전달됨을 설명하였다. 또한 1차 시각피질에서 두 갈래로 갈라져 각각 무엇인지 어디에 있는지가 분석되고 궁극적으로는 전전두엽에 전달됨을 보았다. 어디까지가 표상이고 어디에서 의근에 포섭될까? 1차 시각피질에서 측두엽 방향('무엇' 분석) 및 두정엽 방향('어디' 혹은 '어떻게' 분석)으로 분석의 전파는 입체적 신경망을 타고 쫙 퍼져나갈 것이다. 시공간의 배경과 함께 관심대상 색경의 시각정보가 1차 시각피질에서 시작하여 뇌의 공간에 얽혀있는 신경망을 따라 퍼져나가는 상황을 상상할 수 있다. 관심 색경은 물론 시야는 복잡하고 입체적이기 때문에 이러한 정보들에 대한 분석에는 수많은 신경세포들이 관여할 것이다. 관련 신경세포들의 이러한 활성이 표상(percept)이다.

표상은 순간적으로, 무의식적으로 이루어진다. 의근에 포섭되기 전이기 때문이다. 뇌에 맺힌 표상을 감지(포섭)하는 기능이 의근의 역할이다. 의근은 전전두엽을 포함한 전두엽의 기능이다. 의근은 의식을 만든다. 의근에 포섭되어야 그것이 무엇인지 어디에 있는지 어떻게 움직이는지 인식된다는 것이다. 따라서 표상 신경활성의 최종 결과물들이 전전두엽으로 도달할 때에 의근에 포섭되고 의식에 들어온다.

## Box 3-1) 망막의 'ON' center 및 'OFF' center

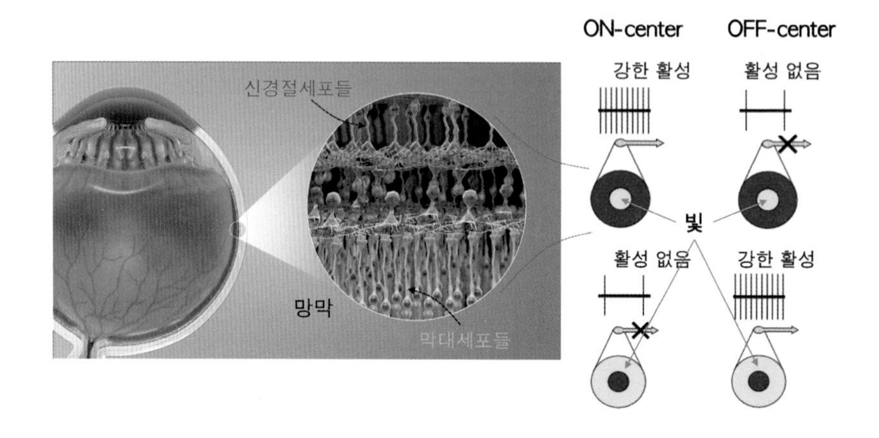


**[망막의 명암감지 수용야(receptive field)]**

망막과 명암감지 수용야를 모식도로 표시하였다. ON-center는 가운데가 밝은 점을 감지하여 활성화된다. 반면에 OFF-center는 가운데가 어두운 경우(어두운 점)에 활성화된다. 각 센터들은 반대의 경우에는 활성화되지 않는다.

감각자극을 수용하는 부위를 수용야(감각영역, receptive field)라 한다. 망막에는 '밝은 점'과 '어두운 점'을 감지하는 수용야가 있다. 필름의 흑백화소에 해당한다. 이 화소들은 명암을 감지하는 막대세포(rod cell)들의 배치 양상에 의하여 결정된다.[55] 막대세포들은 하나의

55) http://fourier.eng.hmc.edu/e180/lectures/figures/centersurround.gif에서 수정

horizontal cell과 bipolar cell을 중심으로 배치되는데, 가운데가 주변보다 밝을 때, 즉 '밝은 점'을 감지하여 horizontal cell → bipolar cell → ganglion cell을 거쳐 시신경으로 신호를 보내는 center를 'ON' center라 한다. 그 반대로 가운데가 어두울 때 활성화되어 시신경으로 신호를 보내는 center를 'OFF' center라 한다. center의 크기는 직경 약 150㎛이다.[56)]

색깔 점은 유사한 원리로 원추세포(cone cell)들에 의해 red, green, blue 점이 감지된다.

---

56) Koehler CL, Akimov NP, Rentería RC. Receptive field center size decreases and firing properties mature in ON and OFF retinal ganglion cells after eye opening in the mouse. J Neurophysiol. 2011, 106(2):895-904. doi: 10.1152/jn.01046.2010. Epub 2011 May 25.

## Box 3-2) 시각피질의 방향원주

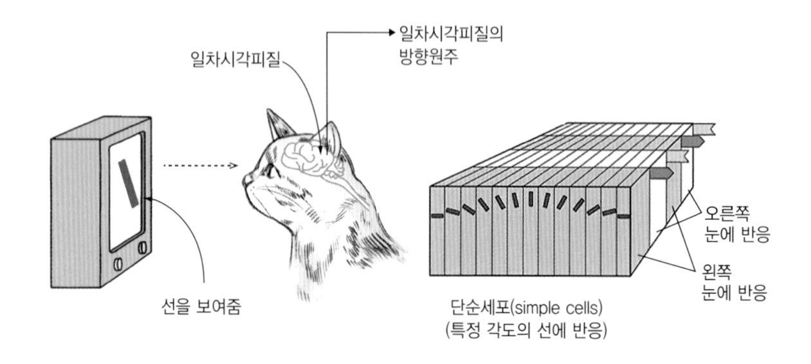


**[고양이 1차 시각피질의 방향원주]**

고양이의 1차 시각피질의 방향원주를 보여주는 실험과 모식도이다. 1차 시각피질에는 특정한 방향에만 반응하는 세포를 단순세포(simple cell)라 한다. 신피질은 피질원주(cortical column) 구조를 하고 있기 때문에 simple cell이 있는 원주를 방향원주(orientation column)이라 한다.

1959년 미국 하버드대학교 의과대학 Torsten Wiesel과 David Hubel 교수는 고양이의 1차 시각피질에 특정한 방향으로 기울어진 선에 반응하는 세포들이 있음을 알아냈다.[57] 그들은 특정한 기울기를

57) D. H. Hubel and T. N. Wiesel. (1959) Receptive Fields of Single Neurones in the Cat's Striate Cortex J. Physiol. 148, 574-591.

가진 선[모서리(edge)나 막대]에 반응하는 세포들을 simple cell들이라 명명했다. 1차 시각피질에서 이러한 세포들은 차례로 서로 이웃하고 있어 수평에서부터 수직에 이르는 순차적 각도의 선에 각각 반응하는 simple cell들이 나열되어 있었다. 피질에서는 신경세포들이 표면에서 안쪽으로 원주(column) 형태[58]를 구성하기 때문에(피질원주라 한다. 뇌의 구조 참조), 시각피질에 있는 이 simple cell 원주들을 방향원주(orientation column)라 한다. 이러한 뇌의 작동원리를 밝힌 업적으로 이들은 1981년 노벨 생리의학상을 수상했다.

simple cell이 특정 각도의 선에 반응하는 기전은 다음과 같이 설명할 수 있다. 망막에 위치하는 "ON" 혹은 "OFF" center들 가운데 특정 각도의 선에 나란히 위치하는 center들이 1차 시각피질의 동일한 simple cell에 연결되어 있으면 이 simple cell은 그 선을 감지할 수 있다. 왜냐하면 그 특정한 선상에 있는 "ON" 혹은 "OFF" center들이 동시에 동일한 simple cell에 신호를 보내기 때문이다. 중간에서 시상을 거치지만, 설명을 단순화하기 위해서 시상은 망막의 신호를 시각피질에 그대로 전달한다고 생각하자.

---

58) 신피질의 단위구조는 피질원주(cortical column)이다. 이는 뇌의 안쪽에서 바깥쪽으로 만들어진 세포들의 작은 원주이다.

후일에 움직이는 선에 반응하는 세포도 1차 시각피질에서 발견되었는데 이들은 complex cell이라 한다. 이와 같이 시각피질은 2차, 3차 시각피질 및 더 고위피질로 가면서 점차 복잡한 모양과 움직임을 분석한다. 예로서, 해마 쪽으로 가면서 복잡한 모양을 인식하는데 해마의 어떤 세포는 손을 보여주면 반응하고, 다른 어떤 세포는 얼굴을 보여주면 반응한다. 반면에 이 세포들은 선이나 점에 반응하지 않는다. 점, 선들이 분석되고 종합되어 이 세포들에 전달된 것이다. 그러면 어떤 특정한 사람이나 물체에 반응하는 하나의 세포가 있을까? 그렇지는 않을 것 같다. 왜냐하면 이론적으로 하나의 물체를 대변하는 각각의 신경세포가 있어야 한다면 우리의 뇌에는 그만큼의 신경세포가 없다. 또한 나이가 들면서 점점 더 많은 물체를 기억해야 된다면 뇌신경세포가 점점 더 많아져야 하고 뇌는 매우 커져갈 것이지만 실제로 그렇지 않다. 따라서 특정 신경세포들의 조합인 특정 신경망이 특정 물체에 대한 기억으로 남는 것으로 보인다. 그 신경망은 어떤 형태를 취하고 있을까? 아직 풀리지 않는 수수께끼이다.

3) 이근(耳根)과 이식(耳識)의 뇌과학

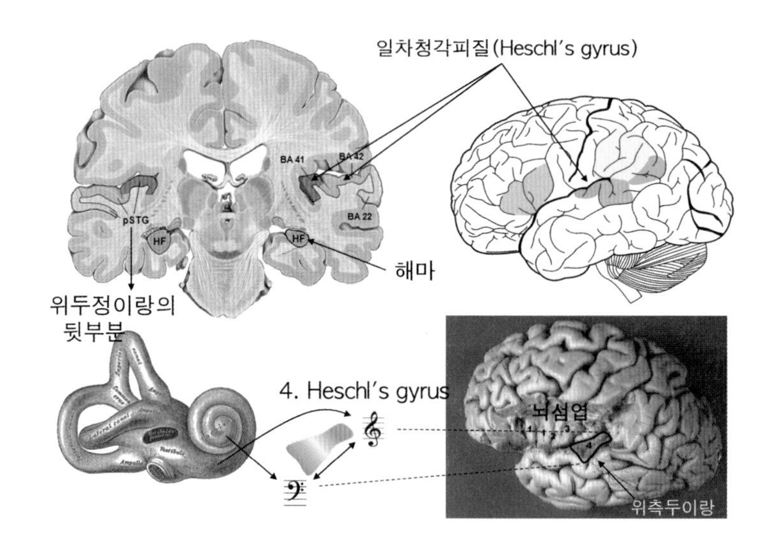


**[청각 신호전달]**

소리는 속귀의 달팽이관에서 감지된다. 달팽이관의 아래 시작부위는 높은음(high pitch)이, 꼭대기 부분은 낮은음(low pitch)을 감지한다(아래 왼쪽 그림). 감지된 음은 활동전위로 바뀌어 청신경을 타고 시상의 안쪽무릎핵을 거쳐 청각방사로 가측고랑 속에 있는 측두엽의 청각피질(헤슬이랑, Heschl's gyrus)로 전달된다(위 그림 및 아래 오른쪽 그림). 청각피질은 가측고랑의 아래쪽 벽면에 위치하는데, 고랑의 얕은 곳에는 낮은 음이, 깊은 곳에는 높은 음이 전달된다(아래 가운데 및 오른쪽 그림).

■ 청각신호전달(auditory processing)

속귀의 달팽이관[와우관(蝸牛管), cochlear]에 있는 코르티기관(나선기관 organ of Corti)에서 음파(air wave)가 전기신호(활동전위)로 변환되어, 숨뇌 → 다리뇌 → 중간뇌 → 시상의 안쪽무릎핵(medial geniculate nucleus, MGN)을 거쳐 청각방사(auditory radiation)를 따라 대뇌 측두엽에 있는 1차 청각피질(primary auditory cortex, A1)로 전달된다. 1차 청각피질(A1)은 측두엽의 위측두이랑(superior temporal gyrus) 윗면에 있는 헤슬이랑(Heschl's gyrus)에 위치한다. 이곳은 가측고랑(lateral sulcus)의 아래 벽(즉, 위측두이랑의 윗면)이기 때문에 밖에서는 보이지 않는다. 전두엽과 측두엽이 만나는 고랑이 가측고랑이다.

■ 소리를 감지하는 코르티기관

달팽이기관은 3개의 도관(duct)으로 나누어져 있고 그 속에는 림프(lymph)로 차 있다(그림 참조). 소리 파동에 의한 고막의 진동은 3개의 작은 뼈를 거쳐 도관에 있는 림프의 파동을 일으킨다. 한편 소리를 감지하는 코르티기관은 3개의 도관 가운데 tympanic duct와 cochlear duct 사이막을 따라 나선모양으로 형성되어 있다. 달팽이관에서 높은 소리는 나선의 아래시작부위, 낮은 소리는 꼭대기 부근의 림프파동을 유발한다. 림프의 파동은 그 위치에 있는 코르티기관의 바닥막(basilar membrane)을 진동시킨다. 바닥막은 코르티기관의 아랫면을 이루고 있는 막이다.

■ 활동전위를 만드는 털세포

바닥막에는 흔들림을 감지하여 전기를 만드는 털세포(hair cell)가 있다. 세포에 부동섬모(streocilia)라고 하는 실모양의 털이 나 있는 세포로서 이 털이 움직이면 활동전위가 만들어진다. 림프파동의 진동으로 바닥막에 붙어있는 털세포(hair cell)가 아래위로 움직이게 된다. 이 움직임으로 털세포의 털인 부동섬모들이 흔들리게 되고, 이들의 흔들림은 활동전위를 만든다. 털세포에서 만들어진 활동전위는 청신경(聽神經)인 달팽이신경(cochlear nerve, 와우신경)을 통하여 숨뇌 → 다리뇌 → 중간뇌 → 시상(안쪽무릅체핵)을 거쳐 궁극적으로 청각피질(측두엽의 Heschl's gyrus)에 도달한다.

■ 코르티기관의 바닥막

코르티기관의 바닥막에는 특정 림프파동에 메아리쳐 진동하는 약 20,000개의 줄이 있다. 이 줄들은 현악기의 현에 해당하여 낮은 음에서부터 높은 음까지에 반응하여 진동하고, 이 현 위에 붙어 있는 털세포들이 활동전위를 만들게 한다. 따라서 사람의 이근은 2만 개의 현을 갖는 매우 성능이 좋은 정교한 현악기라 할 수 있다.

■ 뇌는 소리의 특성을 어떻게 인식할까?

우리는 소리를 감지하는 것으로 끝나지 않는다. 소리의 높낮이는 물론 위치까지 파악한다. 예로서, 원숭이올빼미(barn owl, Tyto alba; 가면올빼미 또는 외양간올빼미)는 소리만으로 정확한 위치를 파악하여 쥐를 포획한다.

[원숭이올빼미]

음의 높낮이(pitch)부터 살펴보자. 코르티기관 바닥막에 위치하는 털세포들 가운데 어느 세포들이 활성을 갖느냐가 소리 높낮이 분석의 시작이라고 하였다. 바닥막의 아래 시작 부분에 있는 털세포는 높은 음을, 꼭대기 부분에 있는 털세포는 낮은 음을 감지한다. 이러한 세포들의 공간적 위치 관계를 '지형학적 위치 관계(topographical mapping)'라 한다. 여기서는 코르티기관 바닥막의 아래 시작부위에서부터 꼭대기 부위까지의 상대적 위치가 털세포들의 지형학적 위치 관계이다. 이 상대적 위치 관계를 그대로 1차 청각피질에 반영된다. 즉, 신호 시작의 지형학적 위치 관계는 그대로 1차 청각피질의 상응하는 지형학적 위치로 전달된다. 뇌가 소리의 높낮이를 구분하는 것은 온전히 청각피질의 지형학적 위치에서 어느 신경세포가 활성을 갖는지에 의존한다. 예를 들면, 1차 청각피질인 Heschl's gyrus에서 가측고랑의 깊은 곳에 위치하는 청각신경세포가 활성화되면 우리는 '높은 음(high pitch)' 이라 인식하고 얕은 곳의 청각세포가 활성화되면 '낮은 음(low pitch)' 으로 인식한다. 왜냐하면 가측고랑의 깊은 곳의 신경세포는 코르티기관의 아래 시작부위(높은 음 감지)와 연결되어 있고, 가측고랑의 얕은 곳은 코르티기관의 위 꼭대기부위(낮은 음에 반응)와 연결되어 있기 때문이다. Heschl's gyrus는 가측고랑의 얕은 곳에서 깊은 곳으로 펼쳐져 있다.

한편 소리 분석도 두 갈래로 이루어진다. 높낮이를 포함한 음의 멜로디 분석은 측두엽을 따라 이루어져 전전두엽으로 전달된다. 한편 소리의 위치에 대한 분석은 두정엽쪽으로 가면서 분석되어 전전두엽에 전달된다. 이는 시각분석과정과 유사하다(위 시각 분석 참조). 안식과 마찬가지로 이식도 1차 청각피질에서 시작하여 두 갈래로 퍼지는 청각표상이며, 청각표상의 최종 분석 결과가 전전두엽에 전달되면 의근에 포섭되어 이식의 정체가 인식된다. 즉, 어디에서 나는 어떤 소리인지 인지가 되는 것이다.

## Box 3-3) 달팽이관의 코르티기관과 소리의 감지

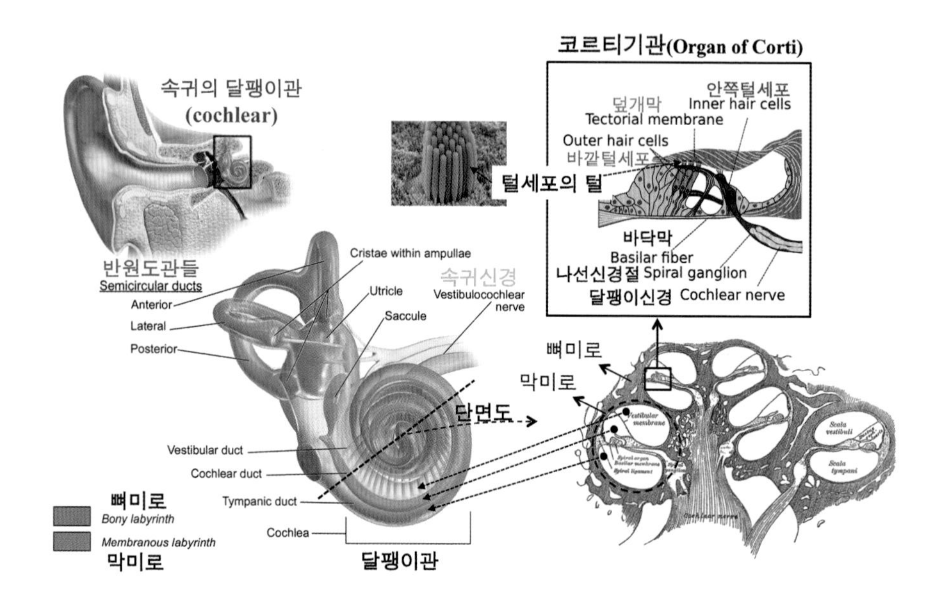


**[속귀의 구조]**

속귀의 달팽이관을 도해한 그림이다. 반원도관들은 몸 움직임의 방향과 몸자세를 감지한다. 나선 모양의 달팽이관 뼈미로 안에는 3개의 방으로 나누어진 막미로가 있다. 막미로 사이에 있는 코르티기관이 소리를 감지한다.

위 그림의 왼쪽은 속귀의 달팽이관(cochlea) 안에 있는 소리를 감지하는 코르티기관(organ of Corti)을 나타낸다. 달팽이관의 단면을 보면 3개의 고랑(duct)으로 나누어져 있는데, 고랑공간은 림프로 차 있다(그림 오른쪽).[59] 코르티기관은 cochlear duct와 tympanic duct 사이에 위치한다. 코르티기관을 확대하여 왼쪽에 표시하였다. 코르티기관의 바닥을 이루는 막을 바닥막(basilar membrane)이라 한다. 바닥막에는 털세포(hair cell)들이 놓여있고 이 세포들의 털(부동섬모, stereocilia)은 단단한 덮개막(tectorial membrane)에 붙어있다. 털세포에서 생성된 활동전위는 청신경(달팽이신경, cochlear nerve, 8번뇌신경의 달팽이신경가지)을 타고 뇌로 전달된다.

59) http://www.tulane.edu/~howard/BrLg/_images/audtrans-OrganCortiLocation.png

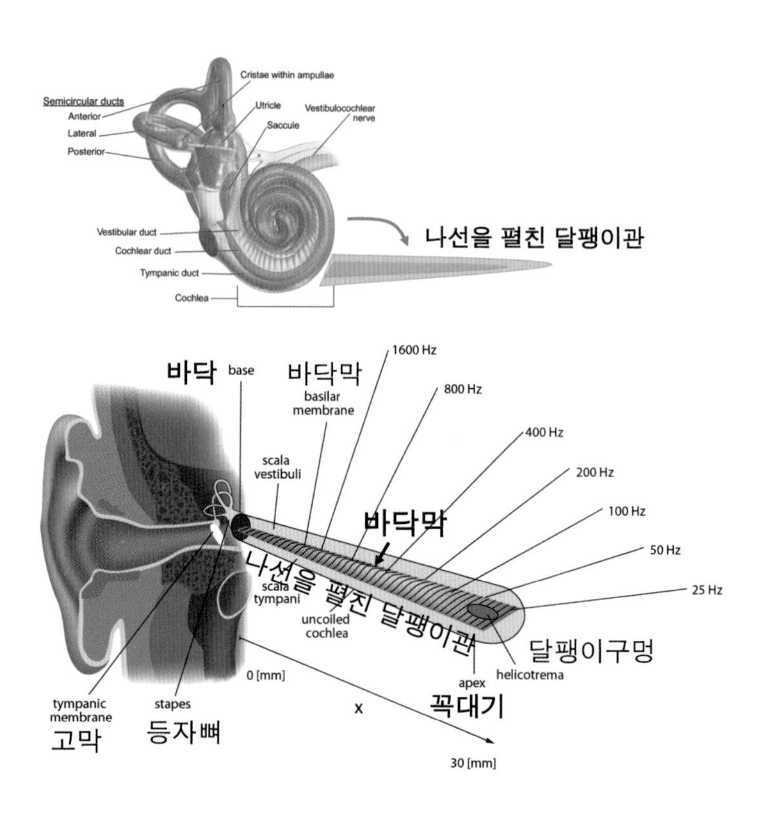


**[코르티기관의 바닥막]**

달팽이관의 나선을 펼친 가상의 그림이다. 달팽이관 속에 있는 코르티기관의 바닥 쪽은 높은 음을, 꼭대기 쪽은 낮은 음을 감지한다. 코르티기관의 바닥막 윗면에는 털세포들이 붙어 있다. 바닥막이 진동하면 털세포들의 털이 움직이게 되어 소리가 감지된다. 바닥막에는 약 2만개의 줄이 있어 소리에 반향하여 진동하게 된다.

왼쪽 그림들은 속귀에 있는 달팽이관을 표시한다. 달팽이관에서 소리를 감지하는 부분을 펼쳐 코르티기관의 바닥막을 들어내 보였다. 바닥막에는 약 2만여 개의 끈이 있고, 끈의 위쪽 표면에는 털세포들이 질서정연하게 붙어있다.

소리의 공기파동은 고막을 진동시키고, 이 진동은 3개의 작은 뼈를 거쳐 림프의 파동을 유발한다. 높은 소리(high pitch)는 달팽이관의 시작부위(아래 부위)의 림프를, 낮은 소리(low pitch)는 꼭대기 부위 림프의 파동을 일으킨다. 림프의 파동은 코르티기관의 바닥막을 진동시킨다. 바닥막에는 털세포들이 놓여있어 바닥막의 진동은 이 세포들의 털(부동섬모, stereocilia)을 움직이게 한다. 털이 움직이면 털세포에 활동전위가 생성되고 이 전기는 달팽이신경(청신경)을 통하여 궁극적으로는 대뇌의 가측고랑 아랫면에 있는 청각피질(Heschl's gyrus)에 전달된다.

달팽이관의 바닥막을 펼쳐놓았다고 생각했을 때, 이 바닥막에는 특정 파장에 반향하여 진동하는 약 2만 개의 현(선)이 있다. 바닥막의 아래 시작부위는 20,000 Hz의 높은 음, 정상(달팽이관 꼭대기)은 20 Hz의 낮은 음에 반향하여 진동한다. 따라서 인간의 귀는 2만 개의 현을 갖는 매우 우수한 성능의 현악기라 할 수 있다.

## 4) 비근(鼻根)과 비식(鼻識)의 뇌과학

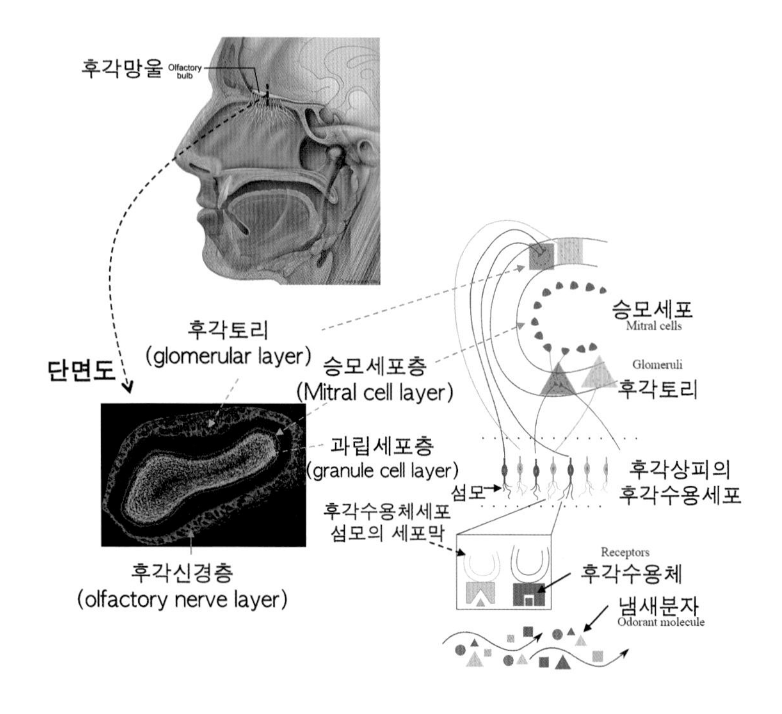


**[후각망울의 후각토리]**

코천장에는 후각상피가 있다. 후각상피에는 후각수용세포(신경세포)가 있어 이들은 냄새물질을 감지하여, 활동전위를 만들어 뇌의 후각망울로 보낸다. 가운데 조직염색 사진은 후각망울의 단면도이다. 후각망울에 있는 신경세포인 승모세포는 후각수용세포의 축삭과 만나 토리를 형성하며, 후각신호를 1차 후각피질로 보낸다. 후각은 시상을 거치지 않고 곧바로 대뇌피질로 전달된다. 한편 각각의 후각수용세포는 한 가지의 냄새만 감지할 수 있으며, 다양한 후각수용세포가 코천장의 후각상피에 골고루 흩어져 있다. 하지만 같은 냄새를 감지하는 후각수용세포는 같은 후각토리에 축삭을 보낸다(오른쪽 그림). 따라서 어느 후각토리가 활성을 갖느냐가 후각의 종류를 결정한다. 즉, 후각토리가 후각지형도를 만든다고 할 수 있다.

■ 비근 - 코천장의 후각상피

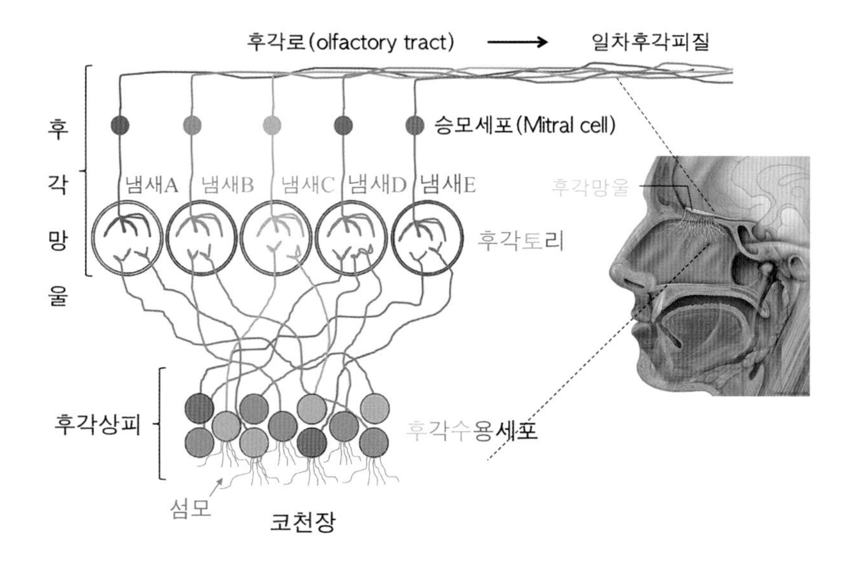


**[후각상피와 후각망울]**
코천장의 피부에는 후각상피가 있다. 후각상피에는 후각수용신경세포가 있어 이들의 섬모에 있는 냄새물질수용체가 냄새분자를 감지하고 활동전위를 후각토리로 보낸다. 이때 같은 냄새를 감지하는 세포는 동일한 후각토리로 신호를 보낸다. 따라서 후각토리는 냄새에 특이적이다. 승모세포는 후각토리의 신호를 1차 후각피질로 보낸다.

코천장에 있는 후각상피에는 섬모를 가진 후각신경세포(후각수용세포, olfactory ncuron)들이 있다. 섬모(오른쪽 사진)에는 냄새(香, 방향제, odorant) 분자를 감지하는 방향제수용체단백질(odorant receptor)이 있어, 여기의 방향제가 결합되면 후각신경세포가 활동전위를 만들어 후각신경(olfactory nerve)을 통하여 뇌의 후각망울(olfactory bulb)로 보낸다. 따라서 코천장의 후각상피가 비근이라 할 수 있다.

■ 후각신호전달(olfactory processing)과 비식(鼻識)

후각은 행동에 매우 큰 영향을 미친다. 특히 시각이 발달되지 않은 하등동물은 후각에 의존하여 행동한다. 사람의 경우 행동에 미치는 후각의 기능이 많이 줄어들었지만 그럼에도 후각은 우리의 행동에 큰 영향을 미친다. 사람의 경우 후각은 감정에 영향을 주어 행동을 조절한다. 이는 편도체를 통하여 일어난다. 후각망울의 뇌신경세포인 승모세포는 후각 정보를 두 갈래로 대뇌로 전달하는데 가장 중요한 전달은 편도체로 가는 신호이다. 역으로 보면 편도체의 가장 중요한 입력신호가 후각이다. 편도체는 감정 중추로서 느낌을 불러일으킨다. 또한 편도체에서 고삐핵(habenular nucleus, 시상상부의 구조)으로 전달된 신호는 행동에 감정적 요소를 더한다. 이처럼 후각은 시상을 통하지 않고 직접 편도체로 전달되어 행동에 영향을 미친다. 즉, 후각은 그것이 무엇인지 인지되기 전에 먼저 마음(느낌)에 영향을 미친다.

한편 후각망울에서 편도체 주변에 있는 대뇌피질로도 신호가 전달된다. 이 부위들을 1차 후각피질(primary olfactory cortex)이라 하는데, 대뇌바닥의 편도주변피질(periamygdaloid cortex), 조롱박피질

(piriform cortex), 후각결절(olfactory tubercle), entorhinal cortex 등이 여기에 속한다. 1차 후각피질에서 시상하부로 전달된 신호는 호르몬생성에 영향을 미친다. 그리고 1차 후각피질로 전달된 정보는 다른 감각과 마찬가지로 후각의 정체를 밝히고 기억을 형성하는 역할을 한다. 후각인지는 시상을 거쳐 안와전두후각피질(orbitofrontal olfactory cortex)에서 일어나며, 해마를 거친 신호는 후각 기억을 형성한다.

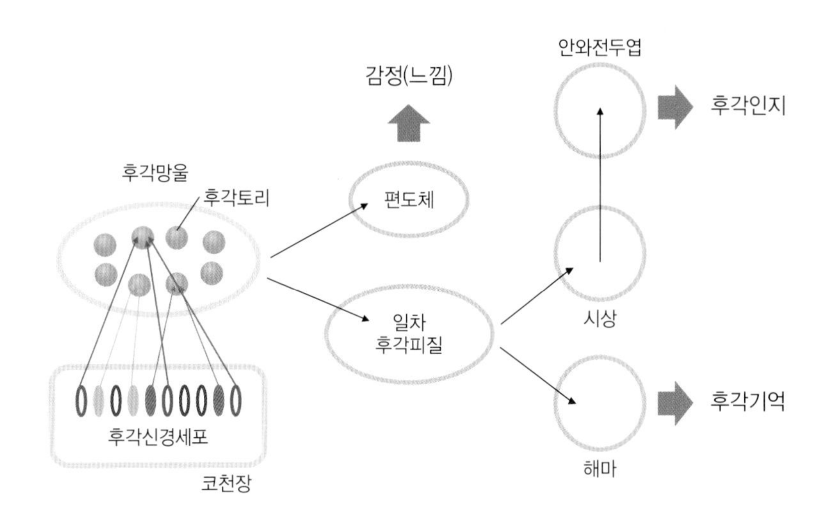


**[후각신호전달]**

코 천장 후각상피에 있는 후각수용신경세포가 냄새분자를 감지하여 후각망울에 신호를 보낸다. 후각망울의 승모신경세포는 시상을 거치지 않고 곧바로 편도체와 1차 후각피질로 신호를 전달한다. 편도체는 냄새에 대한 느낌을 불러일으킨다. 한편 1차 후각피질에서 시상을 거쳐 안와전두후각피질에 도달하면 어떤 냄새인지 분별하는 후각인지가 일어난다. 해마를 거친 신호는 후각 기억을 생성한다.

## Box 3-4) 1차후각피질과 안와전두후각피질

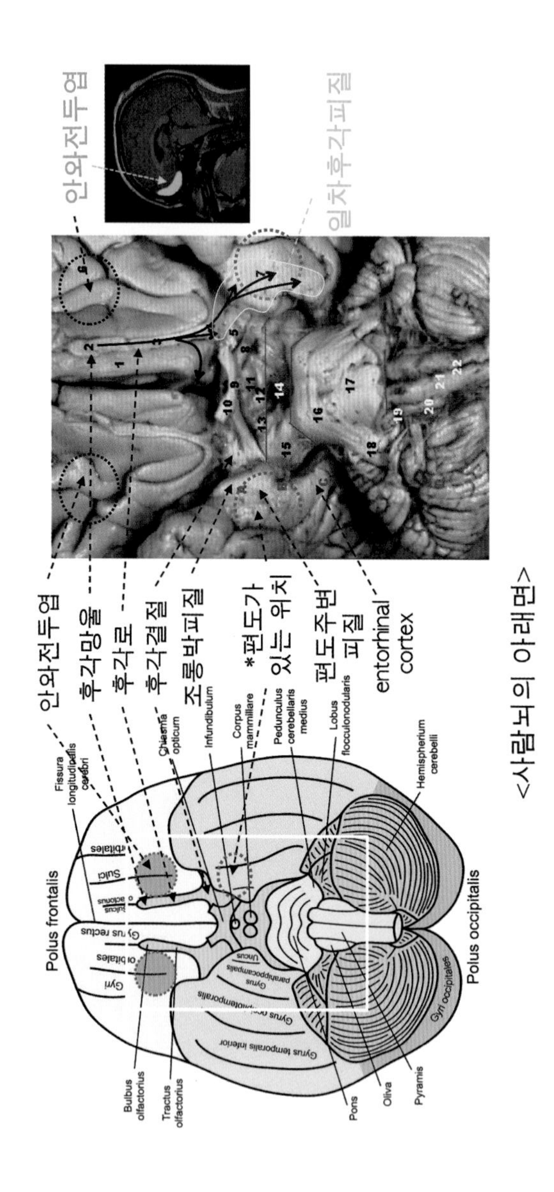


<사람뇌의 아래면>

[후각피질]

사람뇌의 아래면을 보여주는 그림이다. 후각망울에서 신호가 전달되는 1차 후각피질을 표시하였다(노란색, 한쪽 뇌에만 표시). 편도가 위치하는 대략적 위치를 점선으로 표시하였다. 후각은 시상을 거치지 아니하고 곧바로 대뇌감각피질로 들어감을 유의하라. 후각인지가 일어나는 안와전두엽 부위를 표시하였다.

왼쪽 그림은 대뇌 바닥에 위치하는 1차 후각피질(primary olfactory cortex)을 표시했다. 1차 후각피질은 대뇌의 아래쪽 중앙과 안쪽측두엽에 있는 구조들로서 앞관통질[anterior perforated substance, 혹은 후각결절(olfactory tubercle)], 조롱박피질(piriform cortex), 편도주변피질(periamygdaloid cortex), entorhinal cortex 등을 말한다. 코 안에서부터 후각망울로 들어온 후각정보는 1차 후각피질로 전달된다. 후각정보는 시상을 거치지 않고 곧바로 대뇌피질에 전달됨을 유의하라. 어떤 냄새인지 알아내는 후각인지는 시상을 거쳐 안와전두후각피질(orbitofrontal olfactory area, 그림의 점선 원 부위)에서 분석된다. entorhinal cortex에서 해마를 거친 정보는 후각 기억을 형성한다.

후각망울에서 편도로 전달된 정보는 감정에 영향을 미친다. 편도는 피질이 아니라 피질보다 더 깊숙이 위치하는 피질하구조이다. 따라서 편도는 후각망울로부터 가장 많은 정보를 받지만 1차 후각피질에는 포함되지 않는다.

## Box 3-5) 후각신호전달과 후각분별

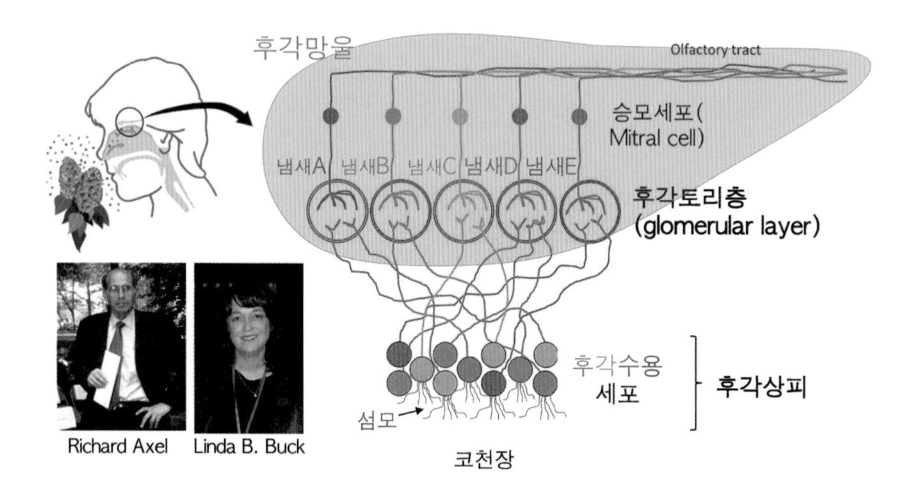


**[후각지형도의 발견]**

코천장에 있는 후각상피에서 후각신경세포들은 무작위로 흩어져 있다. 후각수용야(olfactory receptive field)가 어디에 형성되어 있는지는 오랜 숙제였다. 미국 뉴욕에 있는 콜럼비아대학의 악셀교수와 제자 벅은 후각토리가 특이적인 냄새를 수용하는 후각수용야임을 증명하였다. 이들은 2004년 노벨 생리의학상을 수상하였다.

후각수용체 신경세포들은 코천장의 후각상피에 있다. 냄새물질(방향제) 분자는 이들 후각수용신경세포의 세포막에 있는 방향제수용체 단백질(odorant receptor)과 결합한다. 방향제-수용체 결합은 후각신경세포를 흥분시켜 활동전위를 생성하게 하고 축삭[후각신경(제1번 뇌신경)]을 통하여 후각토리(olfactory glomerulus)로 신호를 전달한다. 후각토리는 뇌의 후각망울에 있는 신경가지돌기들의 엉킴으로 후각신경세포들의 축삭과 승모세포(mitral cell)의 가지돌기(dendrite)들이 토리를 만들며 연접을 형성한 것이다.

1991년 뉴욕 콜롬비아의과대학 하워드휴즈 의학연구소(Howard Hughes Medical Institute)의 악셀(Richard Axel) 교수는 벅(Linda Buck) 연구원과 후각인지 기전에 대한 중요한 사실을 밝혔다. 이들의 연구에 의하면 쥐의 경우 약 1,000개의 방향제수용체유전자가 있는데[60] 하나의 후각신경세포는 이들 가운데 단 한 가지의 유전자만 표현한다. 유전자의 표현은 단백질 합성을 의미하며, 합성된 단백질은 세포막에 배치된다. 따라서 하나의 후각신경세포는 하나의 냄새분자(방향제)만 탐지한다.[61]

코 천장에서 냄새수용신경세포(후각신경세포)들은 무분별하게 흩어져 있다. 혀의 맛지도(taste map)와 같은 냄새지도(odor map)가 없다.

60) Buck L, Axel R. A novel multigene family may encode odorant receptors: a molecular basis for odor recognition. Cell. 1991 Apr 5;65(1):175-87.

61) 사실 하나의 수용체단백질은 단 한 가지의 방향제와 결합하는 것은 아니고 소수의 방향제들과 결합할 수 있다. 그리고 각 냄새분자들 또한 한 가지 이상의 방향제수용체단백질과 결합한다. 대부분의 냄새에는 여러 가지 방향제분자들이 섞여있고, 이들의 조합이 특정 냄새를 만든다. 마치 컴퓨터 화면의 픽셀(pixell) 조합이 특정 색을 만들듯이. 이러한 냄새분자들의 조합으로 우리는 약 10,000가지의 냄새를 구분하고 기억한다. 문제를 단순화하기 위하여 여기서는 하나의 후각신경세포가 하나의 방향제수용체단백질만 가지고 있고, 이 수용체에는 하나의 냄새분자(방향제)만 결합한다고 하자.

그러면 우리는 어떻게 냄새를 구분할까? Richard Axel과 Linda B. Buck은 냄새지도는 후각망울에 있는 후각토리(olfactory glomerulus) 수준에서 만들어진다는 중요한 사실을 밝혔다. 코 천장에서 후각신경세포들은 무분별하게 흩어져 있지만 이들의 축삭은 냄새에 따라 분류되어 특정한 후각토리에 전달된다. 예를 들면, A냄새를 감지하는 후각신경세포들은 코 천장에 골고루 흩어져 위치하지만 그 축삭들은 모두 후각망울의 특정 후각토리에 연결되어 있다. 즉, 후각망물의 지형학적 위치에 따라 거기에 있는 후각토리는 특정한 냄새정보를 받으며, 이 정보는 승모세포를 통하여 1차 후각피질에 지형학적 상관관계를 유지하면서 전달된다. 따라서 후각은 후각토리에서 구분된다고 할 수 있다. 즉, 후각토리가 후각지형도를 만든다. 생쥐의 경우 약 2천개의 후각토리가 있다. 이러한 연구로 Richard Axel과 Linda B. Buck은 2004년 노벨 생리의학상을 수상했다.

참고로 뇌의 모든 감각 구분은 지형학적 위치 관계로 파악된다. 촉감을 예로 들면, 몸의 피부가 손, 팔, 발 등 지형학적(즉, 위치적)으로 구분되어 있고 이 구분이 그대로 뇌의 1차 몸감각피질에 전달된다(감각축소인간을 상기하라). 따라서 1차 몸감각피질의 어느 부위에 활성이 있으면 우리는 그 활성부위에 상응하는 피부에 감각이 있다고 판단한다. 후각의 감각지형도는 후각망울의 후각토리로 그려져 있다. 즉, 각각의 후각토리는 특정한 냄새를 전달한다.

### 5) 설근(舌根)과 설식(舌識)의 뇌과학

■ 설근 - 혀

사람의 혀에는 2,000-8,000개의 맛봉오리(taste bud)가 있다. 맛봉오리에는 맛수용세포(gustatory cell)가 있으며, 이 세포의 세포막에 맛수용체단백질(taste receptor)이 있다. 맛수용세포는 혀 표면에 볼록 튀어나온 유두(papillae)에 주로 발견된다. 하지만 연구개(soft palate), 위식도(upper esophagus), 뺨(cheek)의 안쪽, 후두덮개(epiglottis)에도 존재한다. 유두는 그 모양새에 따라 성곽유두(circumvallate papilla), 잎새유두(foliate papilla), 버섯유두(fungiform papilla), 실모양유두(filiform papilla)로 분류되며, 실모양유두에는 맛봉오리가 없다.

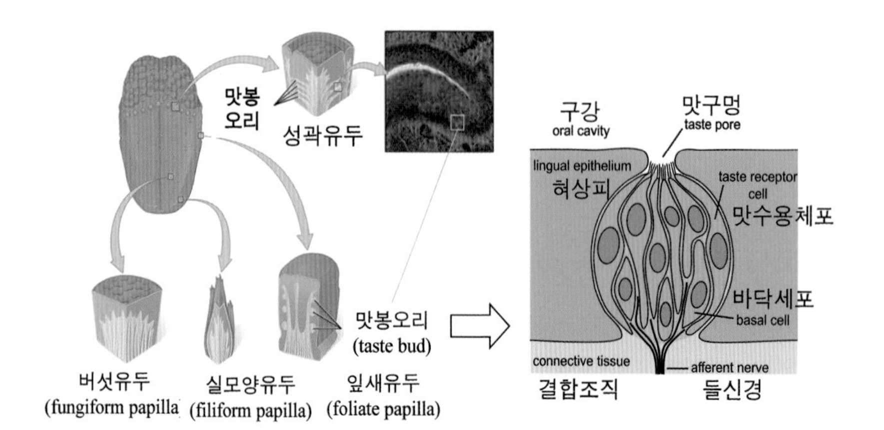


**[혀의 맛봉오리]**

왼쪽 그림은 혀에 있는 다양한 모양의 유두를 나타낸다. 실모양유두를 제외한 모든 유두의 상피에는 맛봉오리들이 있다. 맛봉오리에는 맛을 감지하는 맛수용세포가 있다.

■ 설식(맛분별)

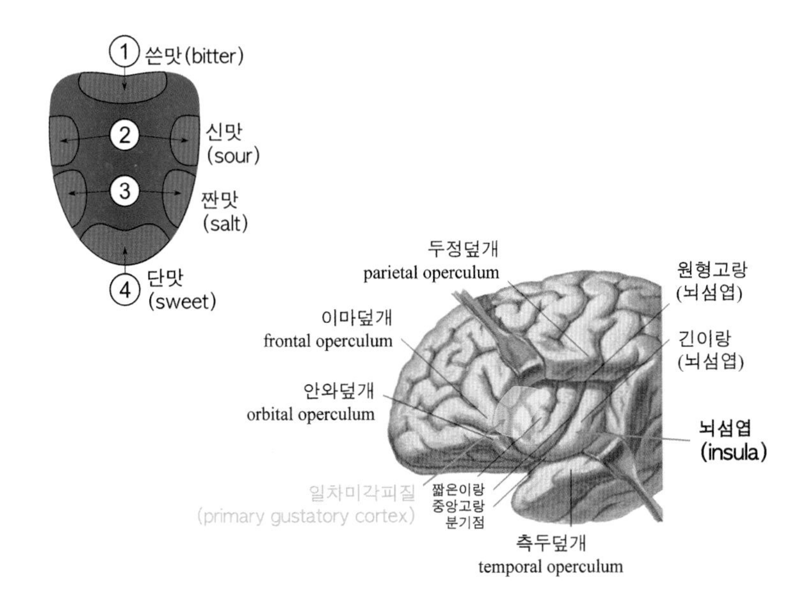


**[혀의 맛지도와 1차 미각피질]**

혀에는 특정한 맛을 잘 느끼는 부위가 있다. 이를 맛지도라 한다. 혀에서 시작한 맛신호는 뇌간(숨뇌) 및 시상의 핵을 거쳐 1차 미각피질에 전달된다. 1차 미각피질은 뇌섬엽의 앞부분(anterior insula)과 그 덮개부분인 전두엽의 이마덮개(frontal operculum)이다.

5가지의 기본 맛[단맛(sweetness), 신맛(sourness), 짠맛(saltiness), 쓴맛(bitterness), 감칠맛(umami; 조미료 맛)]이 있으며, 이들은 각각 혀의 특정한 부위에서 '더 잘' 감지된다. 이를 혀의 맛지도(taste map)라 한다. 여기에서 '더 잘' 감지된다는 뜻을 잘 이해하여야 한다. 특정한 구역에서는 한 가지 맛만 감지되는 것이 아니고 어떤 맛이 그 부위에서 잘 감지된다는 뜻이다.

맛봉오리에 있는 맛수용세포에서 감지된 미각(맛감각)은 맛봉오리의 위치에 따라 서로 다른 뇌신경들(8,9,10번 뇌신경)을 따라 숨뇌의 고립로 핵(solitary nucleus), 그리고 시상을 거쳐 대뇌의 미각피질(gustatory cortex)로 전달된다. 미각피질은 앞뇌섬엽(anterior insula)과 이마덮개(frontal operculum)[62]를 말한다.

미각에 대한 뇌과학적 연구는 최근에 와서야 이루어지고 있다고 해도 과언이 아니다. 현재까지는 해부학적 연결에 의지했다. 최근(2017년) 맛을 느끼고 있는 사람의 fMRI 뇌영상이 발표되었다.[63]

이는 미각을 촬영한 최초의 뇌영상으로 맛이 뇌섬엽을 활성화시키며 특히 오른쪽 뇌섬엽이 특이적으로 활성화됨을 보여주었다. 또한, 활성

---

62) 뇌섬엽을 덮는 부분을 덮개(operculum)라 하며, 이마덮개는 제일 앞쪽에 있는 부분으로 뇌섬엽의 앞등쪽을 덮는다. 덮개는 가측고랑(lateral sulcus)의 위천장을 이루며 밖에서는 보이지 않는다.

63) Prinster A, Cantone E, Verlezza V, Magliulo M, Sarnelli G, Iengo M, Cuomo R, Di Salle F, Esposito F. Cortical representation of different taste modalities on the gustatory cortex: A pilot study. PLoS One. 2017 Dec 27;12(12):e0190164. doi: 10.1371/journal.pone.0190164. eCollection 2017.

화되는 부위가 일부 중첩되기는 하지만, 뇌섬엽의 뒤쪽에서 앞쪽으로 가면서 단맛, 쓴맛, 이산화탄소($CO_2$), 짠맛, 감칠맛, 그리고 신맛에 반응함을 보여준다. 더구나 단맛과 쓴맛은 동시에 뒤쪽 뇌섬엽을 활성화시키며, 감칠맛, 신맛 및 짠맛은 앞뇌섬엽을 활성화시킨다. 이러한 사실은 미각의 경우 촉각과 달리 맛의 분명한 구분이 상당히 모호하거나, 맛에 영향을 주는 다른 조건에 따라 실제로 느끼는 맛이 달라질 수 있음을 나타낸다.

현재까지 우리가 갖는 뇌신경전달의 정보는 해부학적 연결에 크게 의존해왔다. 해부학적 연결 관계로 추론한 뇌의 기능 부위는 실제 뇌활성을 촬영하여 분석한 결과와 다를 수 있다. 왜냐하면 해부학적 연구로는 미세한 연결까지 모두 알아내기가 어렵기 때문이다. 해부학적 연구결과는 미각이 뇌섬엽의 앞부분과 전두엽의 이마덮개로 연결됨을 보여주었다. 하지만 뇌활성을 직접 촬영한 fMRI 영상은 뇌섬엽의 전반에 걸쳐 미각이 전달됨을 보여준다. fMRI보다 더 정교하게 관찰할 수 있는 기계장치가 개발된다면 뇌기능 영역 부위를 더 자세하게 세분할 수 있을 것이다.

## Box 3-6) 맛봉오리(taste bud)와 맛지도(taste map)

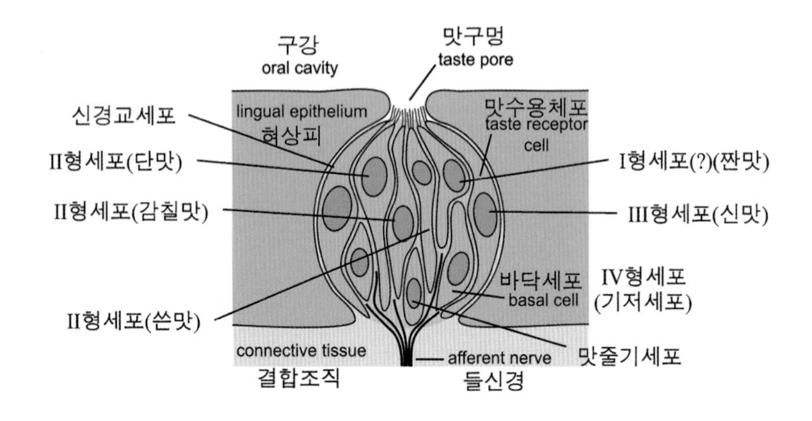


**[맛봉오리의 모식도]**

어느 맛봉오리에도 모든 맛을 감지하는 맛수용세포들이 있다. 혀의 위치에 따라 특정한 맛을 잘 감지하는 맛봉오리가 있어 이들이 혀의 맛지도를 형성한다.

맛봉오리(taste bud)는 5가지 기본 맛[짠맛(salty), 신맛(sour), 쓴맛(bitter), 단맛(sweet), 감칠맛(umami)]을 감지한다. 하나의 맛봉오리가 모든 5가지 맛을 감지할 수 있다는 뜻이다. 흔히 알려진 맛지도(taste map)는 혀의 구역에 따라 서로 다른 맛이 감지된다고 보여주는데, 특정 구역에서는 특정 맛이 가장 잘 감지된다고 이해하여야 한다. 혀의 어디에 있는 맛봉오리도 5가지 맛을 모두 감지할 수 있기 때문이다. 이는 혀구역에 따라 맛봉오리 속에 있는 맛수용세포(taste receptor cell)들 각각의 성능이 다름을 의미한다. 예로서 혀끝에 있는 맛봉오리에는 단맛을 감지하는 맛수용세포가 잘 발달되어 있기 때문에 혀끝은 단맛을 잘 감지한다. 하지만 혀의 뒤쪽 부분은 단맛보다는 쓴맛을 감지하는 맛수용세포가 잘 발달되어 있다.

각 맛봉오리에는 50~100개의 맛수용세포들이 있어 맛분자를 감지하여 중추신경계로 그 정보를 전달한다. 맛수용세포에는 크게 4종류가 있다. 제1형 세포는 신경교세포로 보조세포들이다. 제2형 세포는 세포표면에 표현된 특이적 맛수용체 단백질에 따라 3가지가 있다. 단맛, 쓴맛, 혹은 감칠맛(umami)을 각각 감지한다. 제3형 세포들은 신맛을 감지하며, 제4형 세포들의 기능은 잘 알려지지 않았다.

맛분자(tastant)와 결합하면 맛수용세포들은 전기신호(활동전위)를 개시하고, 이 신호는 고립로 핵 → 시상을 거쳐 대뇌의 미각피질로 전달된다. 다양한 종류의 맛분자가 있고 이에 결합하는 다양한 종류의 맛수용단백질들이 있다. 예로서 쓴맛을 감지하는 대략 25가지의 맛수용체가 있다.

한편 우리가 어떤 맛을 느끼는 것은 맛분자에만 의지하지 않는다. 미각과 후각, 입안에서 느끼는 촉각과 통각 등이 합쳐져 음식의 맛을 결정한다. 예로서 후각이 정상이 아니라면 맛 역시 정상적으로 느낄 수 없다. 맛없거나 쓴 음식 혹은 약을 먹을 때 코를 막고 먹는 것은 후각이 맛에 영향을 크게 미치기 때문이다.

## 6) 신근(身根)과 신식(身識)의 뇌과학

### ■ 신근(身根): 몸감각기관

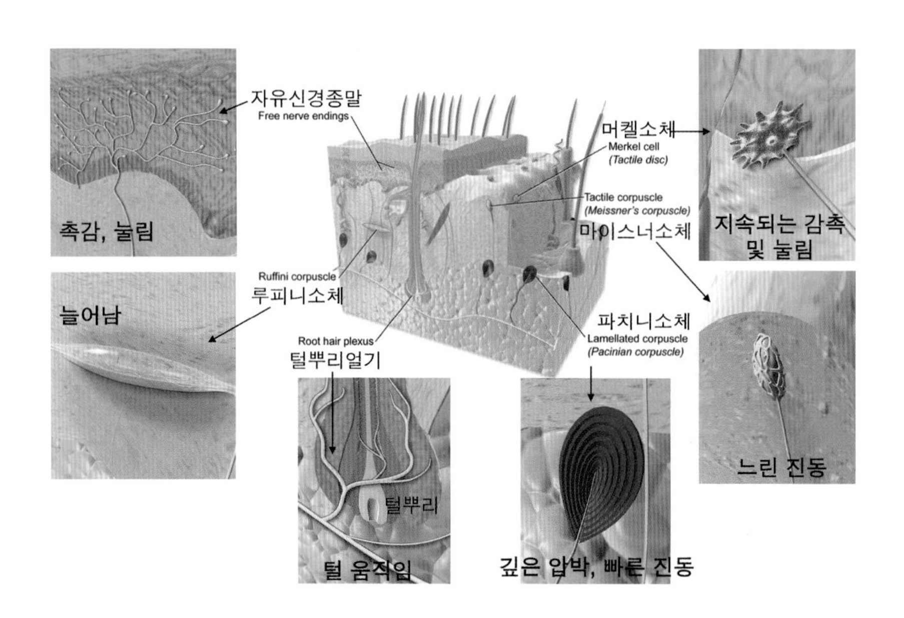


**[피부의 감각기관]**

신근은 기본적으로 몸의 접촉을 감지하고, 더 나아가 촉감과 온도, 통각 등을 감지하는 피부감각기관이다. 어떤 감각기관이 단지 하나의 감각을 감지하는 것은 아니다. 대표적인 기능을 표시하였다.

피부에는 촉(觸) 즉 물리적 접촉(touch)을 감지하는 수용체(기계감지자, mechanical sensors)가 있다. 기계수용체는 물리적 접촉을 전기신호로 변환시켜 감각신경(sensory neuron)에 전달한다. 감각신경은 이 신호를 척수신경로를 따라 대뇌 두정엽(parietal lobe)의 중심뒤이랑(postcentral gyrus)에 있는 1차 몸감각 영역(primary somatosensory area)에 전달한다.

- 피부의 기계수용체(mechanoreceptors)에는 다음과 같은 종류가 있다.
  - Ruffini's end organ (heat, 열 감지, 늘어남 감지)
  - End-bulbs of Krause (cold, 차가움 감지)
  - Meissner’s corpuscle (changes in texture, slow vibrations, 가벼운 촉감, 느린 진동 감지)
  - Pacinian corpuscle (deep pressure, fast vibrations, 깊은 촉감, 진동 감지)
  - Merkel’s disc (sustained touch and pressure, 지속되는 촉감, 압박 감지)
  - free nerve endings (촉감, 통각 감지)

## ● 고유감각기(proprioceptor)

의학에서 촉각은 고유감각(proprioception)을 포함하여 몸감각(somesthetic senses)이라 한다. 고유감각은 몸의 자세와 움직임을 감지하며, 고유감각기(proprioceptor)들은 근육, 인대 및 속귀에 있다. 근육에는 근육방추(muscle spindle)가 근육 속에 있어서 근육의 신장(늘어남)을 감지한다. 반면에 수축은 인대에 있는 골치-인대기관(Golgi-tendon organ)이 감지한다. 이 두 감각기가 서로 작용하여 과도한 늘어남이나 수축을 방지하고, 반사운동을 하게 한다.

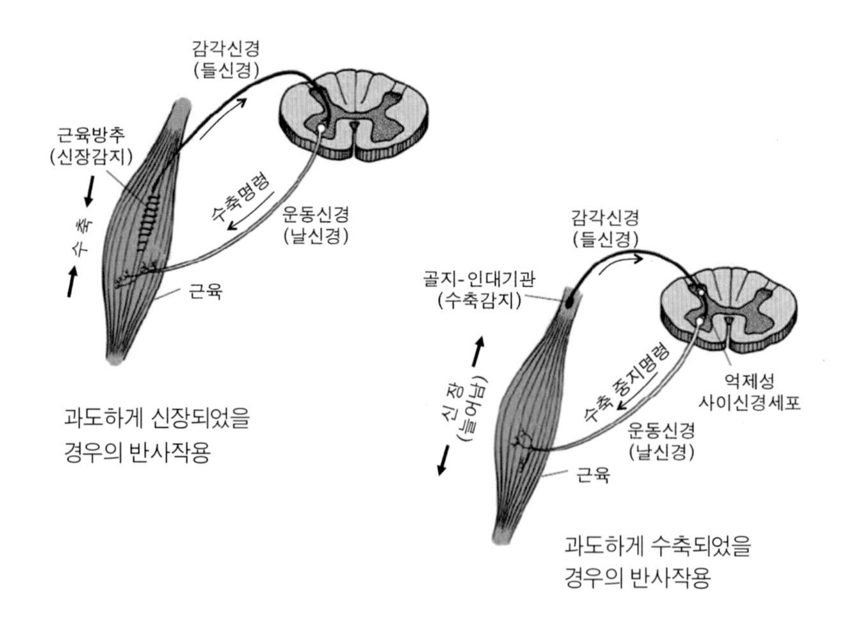

**[근육의 고유감각기]**

근골격 계통에 있는 고유감각기(proprioceptor)는 근육의 수축과 이완 상태를 감지한다. 근육방추(muscle spindle)는 근육 속에 있는 하나의 근섬유이다. 이 근육방추에는 척추의 들신경섬유가 와 있어 근육의 신장(늘어남)을 감지한다. 근육이 과도하게 신장되면 감각신경이 운동신경에 신호를 전달하여 근육을 수축하게 한다. 반면에 수축은 인대에 있는 골치-인대기관(Golgi-tendon organ)이 감지한다. 이 두 감각기가 서로 작용하여 과도한 늘어남이나 수축을 방지하고, 반사운동을 하게 한다.

한편 속귀에는 운동을 감지하는 고유감각기들이 있다. 회전운동 즉 각도 움직임은 반고리관(semicircular duct)이 감지한다. 세 개의 반고리관이 각각 x, y, z 축 방향으로 입체적으로 배치되어 있고, 그 속은 림프액으로 차 있다. 각 반고리의 시작과 끝 부분은 팽대되어 그 속에 특이한 모양의 감각상피가 있다. 이를 팽대능선(crista ampullaris)이라 하는데, 림프의 움직임에 따라 팽대능선을 이루는 털세포의 털이 움직이게 되어 각도운동을 감지한다. 팽대능선은 상피세포가 변형되어 털세포와 함께 어울려 만들어지며, 평형반과 달리 이 구조에는 이석(평형모래)이 없다. 대신 팽대마루(cupula)가 림프의 흐름에 영향을 받아 움직이게 되어 털세포를 자극한다.

타원주머니(utricle)와 둥근주머니(saccule)는 각각 수직운동과 수평운동을 감지한다. 타원주머니와 둥근주머니 속에는 작은 돌이 있는 평형반(macula)이라는 감각상피가 있는데, 각각 수직과 수평으로 배치되어 있다. 따라서 엘리베이터를 타고 올라가거나 내려갈 때의 움직임은 타원주머니가 감지하고, 비행기가 이륙할 때 수평으로 가속하는 느낌은 둥근주머니가 감지한다. 평형반에는 평형모래 혹은 이석이라 불리는 작은 결정체가 있다. 이들은 끈적끈적한 평형모래막을 이루어 털세포들 위에 위치한다. 따라서 몸이 움직이면 평형모래막이 움직이고 이는 털세포를 자극한다.

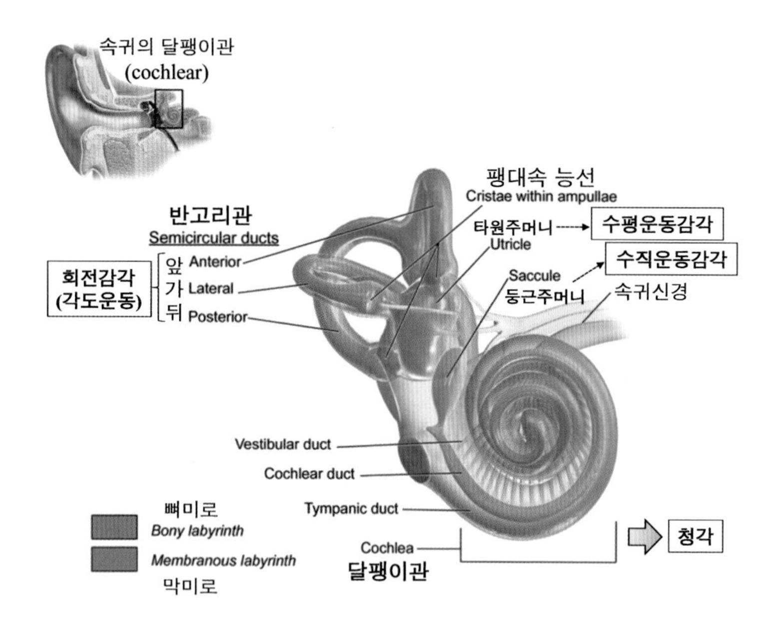


**[속귀의 고유감각기]**

속귀에는 청각기관인 달팽이관(cochlear) 이외에도 몸의 움직임을 감지하는 고유감각기(proprioceptor)가 있다. 반고리관은 각(회전)운동을 감지하고, 타원주머니와 둥근주머니는 각각 수평 및 수직운동을 감지한다.

● 어지럼증

평형모래(이석)는 몸의 균형을 유지하고 중력의 변화를 감지하는데 필수적이다. 이들은 평형반(macula)에서 끈적끈적한 막을 이루어 털세포들 위에 위치하는데, 원래 위치에서 떨어져 나와 림프 속에서 흘러 다니거나 특정 위치에 붙어 있게 되면 머리를 움직일 때 평형감각신경이 과도하게 자극된다. 따라서 주위가 빙글빙글 돌아가는 듯한 심한 어지러운 증상을 일으킨다. 이석이 원래 위치에서 떨어져 나오는 원인은 외부 충격, 바이러스의 감염 등 여러 가지가 있다.

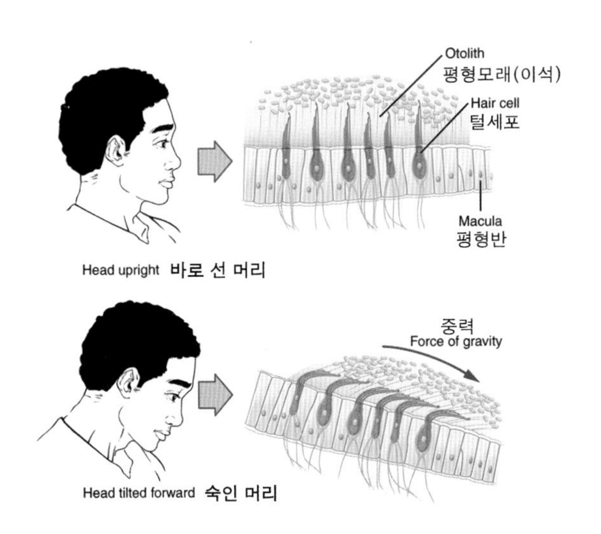


**[타원주머니 및 둥근주머니에 있는 평형반]**

평형반은 상피세포가 변형되어 움직임을 감지할 수 있게 된 감각 장치이다. 평형반에는 평형모래(이석)가 있어 이들의 움직임이 털세포를 자극하여 감각을 느끼게 된다.

■ 신식(身識) - 몸감각신호전달(somesthetic processing)

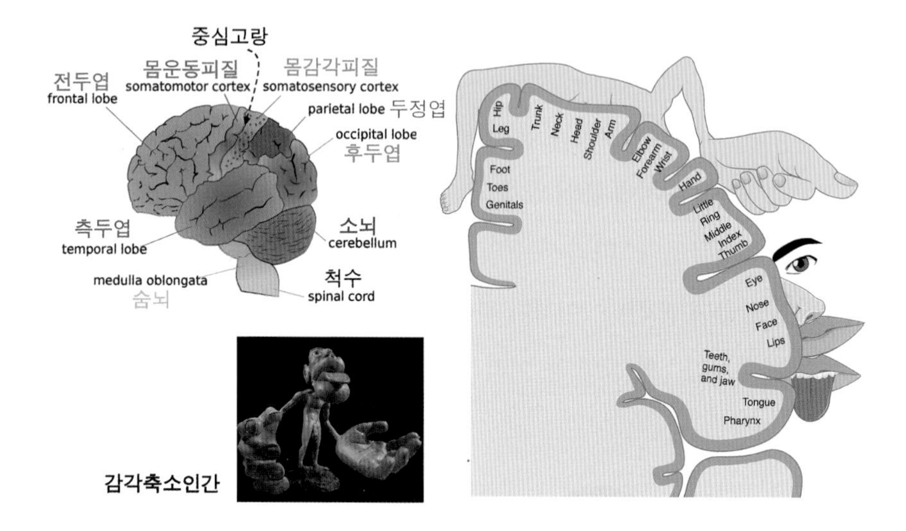


**[몸감각신호전달]**

피부의 촉감은 피부감각기에서 감지되어 몸감각피질에 전달된다. 이 때 피부와 몸감각피질은 1:1 대응 관계를 유지한다. 피부감각기의 밀도는 대뇌피질의 면적으로 반영된다. 따라서 감각 기밀도가 높은 입술, 엄지, 손, 혀 등은 넓은 피질을 차지하고, 몸통, 팔, 다리 등은 실제 크기보다 피질에 작게 반영된다. 이런 관계를 반영하여 사람을 재구성해본 것을 감각축소인간(sensory homonculus)이라 한다.

신식은 촉감의 감지이다. 피부의 감각은 크게 분별성 촉각과 비분별성 촉각으로 나눈다. 피부의 접촉 감각과 진동감각은 분별성이며,

온도, 통각, 가려움 같은 것은 비분별성이다. 진화적으로 볼 때 비분별성 촉각이 먼저 발달하였으며 이들은 척수시상로(spinothalamic tract)를 따라 시상으로 전달되고, 이어서 몸감각피질로 전달된다. 보다 나중에 진화한 분별성 촉감은 후섬유단-내측섬유띠신경로(Posterior White Column-Medial Lemniscal Pathway)를 따라 시상으로 전달되고 이어서 몸감각피질로 전달된다. 척수에서 보면 척수시상로는 척수의 앞쪽(가려움 전달)과 가쪽(통각과 온도 전달)에, 후섬유단-내측섬유띠신경로(분별감각 전달)는 척수의 뒤쪽 부분에 위치한다.

피부 표면의 지형학적 위치는 그 상대적 위치 관계가 유지되면서 시상에 전달되기 때문에 시상의 뒤배쪽핵(ventroposterior nucleus)에는 몸감각축소인간이 그려진다. 이러한 상대적 위치관계는 계속 유지되어 몸감각피질에 전달되기 때문에 대뇌피질에서도 감각축소인간이 그려진다. 몸감각피질은 중심고랑(central sulcus) 뒤쪽에 있는 이랑으로 중심고랑후이랑(postcentral gyrus)이라 한다. 뇌의 안쪽 면에서 가쪽 면으로 가면서 대변하는 몸 부분을 오른쪽 그림에 나타냈다.

● 감각축소인간(sensory homonculus)

피부의 촉각은 척수로(spinal tract)를 따라 시상의 배측핵(ventral nuclei)들에 지형학적 위치관계를 유지하면서 1:1로 대응하는 방식으로 전달된다. 따라서 시상 배측핵에는 몸감각축소인간(somatosensory homonculus)이 그려진다. 마찬가지로 시상 → 1차 몸감각피질 연결도 지형학적 1:1 대응관계를 유지하면서 대뇌의 중심고랑후이랑(1차 몸감각피질)으로 전달한다. 여기에도 감각축소인간이 그려져 있음은 잘 알려져 있다.

대뇌 1차 몸감각피질에서 손가락을 포함한 손, 입술 등이 차지하는 부위는 몸통, 사지 등이 차지하는 부위보다 상대적으로 매우 넓다. 이는 피부에서 부위에 따라 감각수용체의 밀도가 다르기 때문이며, 감각수용체 밀도가 높아 민감한 곳은 보다 넓은 피질영역을 차지한다. 각 피부 부위에 대응하는 1차 몸감각피질의 크기에 따라 그린 인체모양을 감각축소인간(sensory homonculus)이라 한다.

1차 몸감각피질과 피부와의 연결은 몸의 부위와 꼭 연속적이지는 않다. 즉, 몸의 특정한 부분(예를 들어 얼굴, 혀, 턱 등)들은 따로 떨어져 전달된다.

## Box 3-7) 감각지형도(感覺地形圖 sensory topographic map)

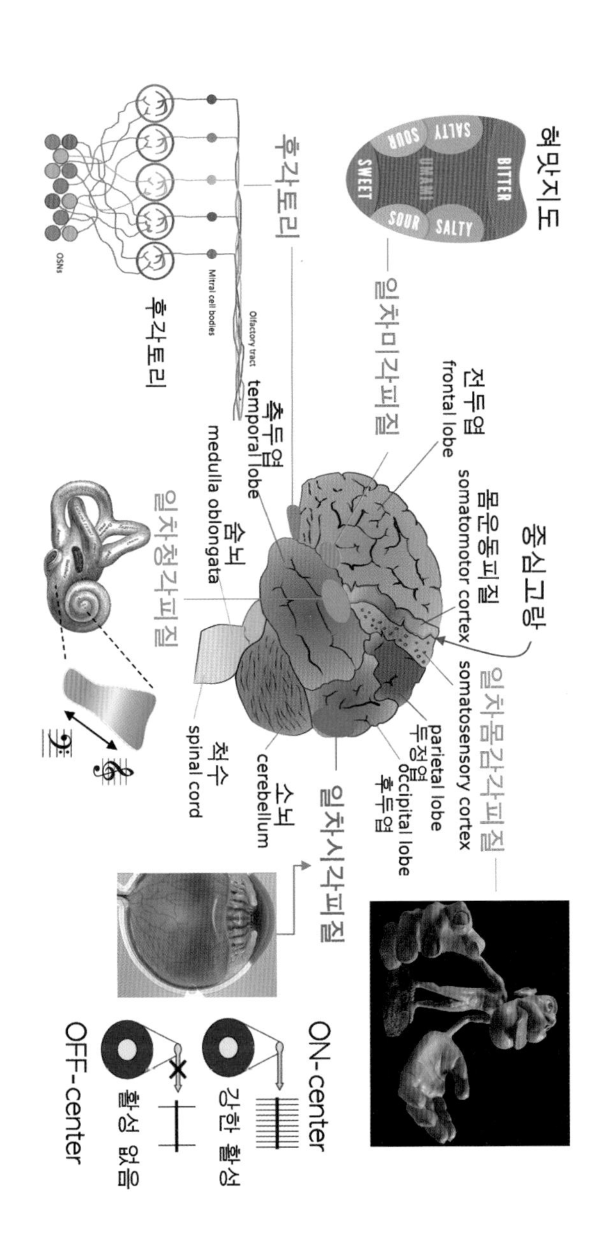

**[감각수용영역과 감각지형도]**

감각기관에서 감각 대상을 감지하는 부분을 감각수용영역이라 한다. 다섯 가지 감각에 대한 감각기관과 그 수용영역을 나타냈다. 안식은 망막, 이식은 속귀의 코르티기관, 비식은 후각망울의 후각토리, 설식은 혀, 신식은 피부와 근육이 수용영역이다. 한편 수용영역은 지형적으로 잘 분리되어 있으며, 각각의 지형학적 위치는 같은 감각 종류 내에서 서로 다른 특성을 대변한다. 예로서 후각토리는 각각 다른 냄새를, 코르티기관의 각 위치는 음의 높낮이, 혀의 각 위치는 맛의 종류를 대변한다. 이러한 지형학적 감각의 대변은 상대적 위치를 유지하면서 대뇌 1차 감각피질에 전달된다. 우리는 감각에 의하여 활성화되는 대뇌 부위를 근거로 그 감각의 정체를 알아낸다. 예로서, 몸감각피질에 활성이 있으면 촉감을, 후각피질에 활성이 있으면 냄새를 느낀다. 보다 구체적인 감각의 구별은 감각피질 내에서 어느 부위가 활성화되느냐에 근거한다.

대뇌피질은 신경세포와 신경교세포가 어우러진 신경조직으로 되어 있다. 신경세포들은 서로 연결되어 신경회로를 만들고 이 회로를 흐르는 전기활성 즉 활동전위가 뇌기능을 나타낸다. 뇌신경세포가 만드는 활동전위는 조금씩의 차이가 있기는 하지만 대동소이하다. 뇌가 쓰는 언어는 부위에 관계없이 동일하다는 것이다.

그러면 동일한 전기활성이 어떻게 지금 느끼는 감각이 촉각인지 후각인지 청각인지 아니면 미각인지 구분할까? 촉각 가운데도 손가락의 촉각인지 손바닥의 촉각인지 어떻게 구분할까? 이 질문은 뇌의 다른 기능에서도 마찬가지로 적용된다. 뇌신경세포는 모두 '아, 아, 아, 아'라는 동일한 한 가지 발음만 한다고 상상해보라. 우리는 어떻게 동일한 언어가 때로는 기쁨을 때로는 슬픔을 나타낸다고 알 수 있을까?

단순화하여 말하면, 뇌의 활성부위가 뇌가 갖는 정보의 전부이다. 감각을 보면, 감각피질의 어느 부위에 활성이 있느냐가 뇌가 갖는 정보의 전부라는 것이다. 즉, 시각피질에 활성이 있으면 뭔가를 보고 있다고 느끼고, 청각피질에 활성이 있으면 무슨 소리를 듣고 있다고 느낀다. 몸감각피질에 활성이 있으면 몸에 뭔가 접촉이 있다고 느낀다. 실제로 무엇을 보여주지 않아도 시각피질에 전기를 가하여 활성 시키면 뭔가를 보고 있다고 느낀다. 마찬가지로 청각피질을 전기자극하면 무슨 소리를 듣는 것으로 느낀다. 대뇌감각피질은 몸의 감각기관과 연결되어 있기 때문에 굳이 감각기관에서 신호가 시작하지 않아도 감각피질에 활성이 있으면 뇌는 그 뇌부위에 연결된 해당하는 부위의 감각을 느낀다. 팔을 잃어버린 사람이 손가락에 가려움을 느낀다고 보고하는 경우를 보면 이러한 현상을 잘 이해할 수 있다.

다른 뇌기능도 같은 원리이다. 기쁨을 담당하는 부위에 활성이 있으면 기쁨을, 슬픔을 담당하는 부위에 활성이 있으면 슬픔을 느낀다.

## ● 감각수용영역과 감각지형도

감각지형도를 신식(몸 감각)을 예로 들어 좀 더 구체적으로 생각해 보자. 우리는 어떻게 발가락이 아니라 엄지손가락에 어떤 감촉이 있다고 느낄까? 발가락 위치와 엄지의 위치가 몸의 지형에서 서로 다르다. 이 서로 다른 상대적 위치 관계가 그대로 유지되면서 뇌에 연결된다. 피부에서 감각을 감지하는 부위를 감각수용영역(sensory receptive field)이라 한다. 발가락, 손가락, 얼굴 등이 모두 신식의 수용영역이다. 더 세분해 들어가면 엄지, 엄지의 첫째 마디, 첫째 마디의 어느 작은 부위 등등 수용 영역을 더 작게 나누어 볼 수 있다. 신식의 경우 피부의 아주 가까운 두 지점을 뾰족한 것으로 접촉을 하였을 때 두 지점을 서로 구분하지 못하면 그 두 지점은 동일한 수용영역으로 간주된다. 이러한 개념은 모든 감각에 적용된다. 예로서 안식(眼識)은 망막에 있는 하나의 점을 감지하는 'ON'-center 혹은 'OFF'-center가 하나의 수용영역이다. 이식(耳識)은 특정 파장의 음에 반향하여 진동하는 바닥막의 현(줄)이 하나의 수용영역이다.

다시 신식으로 돌아오자. 뇌가 발가락이 아니라 손가락에 뭔가 닿았다고 아는 것은 손가락과 연결된 몸 감각 부위에 활성이 있기 때문이다. 신식의 경우 감각수용영역이 지형적으로 잘 구분되어 있다 - 얼굴, 목, 가슴, 팔 등으로. 이와 같이 서로 다른 두  수용영역이 구분되어 있어야 뇌가 어떤 감각을 구분할 수 있다. 왜냐하면 뇌는 오로지 뇌의 어느 부위에 활성이 있느냐가 정보의 전부이고 뇌의 각 부위는 서로 다른 감각수용영역과 연결되어 있기 때문이다.

역으로 보면 감각기관에서 수용영역이 지형적으로 잘 구분되어 있어야 한다. 이 지형적 구분이 그대로 뇌에 반영되기 때문이다. 감각기관에서 이러한 수용영역의 지형을 감각지형도(感覺地形圖, sensory topographic map)라 한다.

● **前五識의 감각지형도를 알아보자.**

안식(眼識): 시각은 망막에서 지형도가 작성된다. 시야가 그대로 망막에 맺히고 망막이라는 평면의 각 부위에 그려진 상의 지형도가 그대로 시상을 거쳐 1차 시각피질에 전달된다. 망막에 맺히는 상의 패턴을 따라 점과 색깔이 분석되고 그 패턴(지형도)은 그대로 유지되어 감각지형도를 유지하면서 시상을 거쳐 1차 시각피질에 전달된다. 전달되면서 상이 일그러지고 망막의 평면 정보에서 어떻게 입체감을 회복하는지 등 안식의 신비는 현재의 연구테마이다.

이식(耳識): 소리감각의 지형도는 속귀 달팽이관에 있는 코르티기관의 바닥막(basilar membrane)에 있다. 여기에 있는 2만 개 정도의 현

(줄)이 소리의 파장(사람의 청력 범위: 20-20,000 hertz)에 따라 낮은음(low pitch)은 달팽이관의 꼭대기 쪽에 있는 것이 진동하고, 높은음(high pitch)은 아래 시작부위에 있는 현이 진동한다. 이 진동은 그 부위의 털세포를 활성 시켜 활동전위를 만들고 소리의 높낮이에 대한 바닥막에서의 지형도가 그대로 유지되면서 1차 청각피질에 전달된다. 따라서 청각피질 내 어느 부위의 신경세포가 활성이 있는지가 관건이고 뇌는 이것을 유일한 정보로 사용하여 소리의 높낮이를 판단한다.

비식(鼻識): 후각은 후각망울(olfactory bulb)에서 후각지형도가 작성된다. 코 천장 후각상피에서 후각수용신경세포들은 무작위로 흩어져 있다. 하지만 같은 냄새물질에 반응하는 세포들은 후각망울의 동일한 후각토리(glomerulus)에 신호를 전달한다. 후각토리는 후각망울에서 지형도를 이루며 분포하고 이 지형도는 1차 후각피질에 그대로 전달된다. 따라서 어디에 위치하는 후각토리가 활성을 갖느냐가 그 냄새의 정체가 된다. 사람의 후각망울에는 50-120㎛ 크기의 1,100~1,200개 토리가 지형도를 그리며 분포하고 있다. 냄새는 활성 후각토리들의 조합으로 결정되기 때문에 사람은 1만 가지 이상의 냄새를 구분한다.

설식(舌識): 미각은 혀의 부위에 따라 다른 맛을 감지한다. 혀의 맛 지형도가 그대로 시상을 거쳐 1차 미각피질로 전달된다. 유의할 점은 맛지형도에서 어느 부위가 한 가지 맛만 감지하는 것은 아니라는 것이다. 사실 혀의 모든 부위에서 모든 맛을 느낄 수 있다. 모든 맛봉오리(taste bud)는 5가지 기본 맛을 모두 감지할 수 있기 때문이다. 하지만 맛지형도에 따라 잘 감지하는 맛이 있다. 예로서 혀끝은 단맛을 더 잘 감지한다. 다른 맛을 감지하지 못한다는 뜻은 아니다.

신식(身識): 피부는 쉽게 이해할 수 있다. 우리 몸의 각 부위가 이미 지형도이다. 손, 발, 손가락, 발가락 등은 물리적인 위치관계가 잘 설정되어 있다는 뜻이다. 피부의 지형도에 있는 감각수용기를 통한 활동전위가 상대적 지형도를 유지하면서 시상을 거쳐 1차 몸감각피질에 전달된다. 1차 몸감각피질의 크기에 비례하여 만들어본 가상의 인간이 감각축소인간(sensory homonculus)이다. 감각축소인간에서 특정부위의 크기는 피부에 있는 감각수용기의 수와 비례한다. 예로서 입술에 있는 감각수용기의 수는 몸통 전체에 있는 수와 비슷하다.

# 에필로그

가없는 고요와 평정한 마음을 갈망하며

나이가 들수록 남을 이해하는 마음이 커진다. 돌이켜보며 '그때는 왜 그렇게 심하게 다투었을까' 라고 생각한다. 치달으며 쟁취하려고만 하던 마음이 물 흐르듯 나아가게 놓아두는 쪽으로 돌아선다. 마음이 바뀌는 것이다. 대개 사십 대 중반이 되면 겪는 변화이다. 조금 덜 얻더라도 마음이 편한 것이 더 낫다. 고요하고 평정한 마음이 최고의 선이다.

그래도 화는 피할 수 없다. 여러 가지 요인으로 화가 날 수 있다. 이유야 무엇이든 화는 나의 마음이 만드는 것이다. 화를 내면 나만 손해다. 화는 무조건 피하는 것이 좋다. 어떻게 화를 안 낼 수 있을까? 심한 경우의 예를 들어보자. 상대방이 나에게 '얼토당토 아니하게' 화를 내는 경우는 어떻게 대처할까? 생뚱맞게 들릴지 모르지만 그럴 때 나는 그 사람의 뇌신경회로를 살펴본다. 그 사람의 살아온 이력이 '얼토당토 아니하게' 화나게 만들었기 때문이다. 어쩌다가 그런 신경회로를 만드는 생활을 살아왔을까라고 추론해 본다. 그러면 맞받아서 내가 화를 내지 않는다. 오히려 연민의 정이 생긴다.

'마음' 이 일어나는 과정을 이해하면 '사람'을 이해할 수 있다. 마음은 뇌에서 일어나는 뇌과학의 영역이다. 마음의 뇌과학을 잘 이해하면 마음을 좀 더 잘 다스릴 수 있다. 이 책을 쓰게 된 동기이고 그 해답을 붓다에게서 구했다.

○ 붓다의 통찰

불교를 언급하는 것은 매우 조심스럽다. 허접한 지식으로 자칫 불교도의 마음을 상하게 할 수 있기 때문이다. 그래도 특정한 부분은 언급하고 싶다. 너무 좋은 측면이라 좀 틀려도 상관없기 때문이다.

불교는 존재와 마음을 연구한 학문이다. '나는 무엇이고 괴로움은 어디에서 오는가? 이를 극복할 방법은 무엇인가?' 라는 고타마 싯다르타의 고뇌에서 시작된 이에 대한 연구는 깊고도 깊게 파헤쳐 진다. 중요한 건 '나' 다. '나' 가 괴로움에서 벗어나 평온해야 한다. 붓다는 '나'

는 色·受·想·行·識의 다섯 가지 무더기(오온)로 되어 있다고 한다. 사실은 나의 몸뚱이(色)에 생기는 識이 '나'의 전부다. 受·想·行은 識을 만들기 위해 존재하기 때문이다. 태어난 몸은 내가 어찌할 수 없기에 종국에는 마음이 전부다. 또한 저 바깥세상에 있는 萬法은 나의 五蘊을 만드는 객체일 따름이다.

마음이 어떻게 만들어지는지를 알아야 한다. 고타마는 마음이 만들어지는 과정을 과학적으로 이해했다. 감각에 의하여 마음이 생기는데 오감에 더하여 마음도 감각이라고 생각했다. 고타마는 마음을 감지하는 감각기관은 의근이라고 간파한다. 정말 놀라운 통찰이다. 의근은 대뇌 전전두엽에 있는 인지조절신경망(cognitive control network, CCN) 가운데 뇌신경활성 탐지망이다. 뇌신경활성이 곧 법경이기 때문이다.

법경과 의근의 설정은 마음을 이해하고 가공하는데 결정적 역할을 한다. 마음공학이 탄생하기 때문이다. 안근을 잘 활용하면 명확할 상을 볼 수 있듯, 이근을 잘 활용하면 소리를 더 잘 들을 수 있듯, 의근을 잘 관리하면 마음을 다스릴 수 있다. 여섯 번째 감각기관이 있음을 간파한 것은 고타마를 붓다로 만들었다고 해도 과언이 아니다. 마음이 만들어지는 인연의 상관관계를 깨닫고 '깨달은 자' 붓다가 되었다는 뜻이다. 머리로만 이해한 것이 아니라 몸소 실천하여 마음 감각을 느끼고 마음을 다스려 괴로움에서 벗어났다. 너무나 기뻐 깨달음의 노래를 불렀다. 그리고는 다른 사람들도 그 기쁨의 경지와 거기에 다다르는 방법을 가르쳐 주었다. 불교의 시작이다.

○ 마음의 창발

마음은 어디에서 오는가? 뇌는 물질인데 어떻게 물질에서 정신이 나오는가? 붓다는 마음은 감각될 수 있다고 했다. 그 감각기관이 의근이라고 했다. 감각된다면 그것은 물질이다. 다른 다섯 가지 감각이 색성향미촉의 물질 감각이듯이 마음도 물질이라는 뜻이다. 그렇다. 마음은 물질이다. 마음은 뇌신경회로(정보구조)의 활성이 몸으로 펴져 나간 것(정보의미)이다. 붓다가 어떻게 이것까지 통찰했을까? 그저 감탄할 따름이다.

2000년 노벨 생리의학상을 수상한 에릭 칸델(Eric Kandel) 교수는 콜롬비아대학에 있는 뉴욕주립 정신과학연구소 100주년 기념행사(1997년)에서 [마음과 몸의 관계에 대한 5원칙(Five principles about the relationship of mind to brain)][64] 을 발표했다. 그 첫 번째 원칙

64) Kandel, Eric R (1998). Five principles about the relationship of mind to brain - A New Intellectual Framework for Psychiatry. American J Psychiatry 155: 457-469.

에서 '모든 정신적 현상, 심지어 가장 복잡한 심리적 과정도 뇌의 작용에서 유래한다'고 했다. 이 관점의 핵심 교의(教義, tenet)는 우리가 흔히 마음이라고 부르는 것은 뇌가 행하는 일련의 기능이라는 것이다. 그렇다. 모든 마음은 물질인 뇌의 기능이다. 마음은 뇌이고 뇌가 마음이다(Mind is brain is mind). 마음은 뇌에서 창발된다. 이제 뇌를 관찰하는 기계장비의 발달로 흐릿하게나마 뇌기능이 보이기 시작했다. 아직 안개 속 저 너머에 있기는 하지만 붓다의 마음을 뇌의 문틈으로 엿본다. 향후 뇌과학의 발달로 문을 활짝 열어 살펴보아야 할 붓다의 마음이 저만치 있다.

○ '괴로움의 고타마 싯다르타'와 '깨달음의 붓다'

고타마는 마음이 어떻게 창발하는지 간파했다. 괴로움은 무엇이며 그 원인은 어디에서 오는가라는 물음에서 시작된 마음의 생성과정에 대한 이해는 고타마에게도 쉽지 않았다. 그 과정은 처절했다. 기원전 6세기경 현재의 네팔 남부와 인도의 국경 부근 히말라야 기슭에 카필라성(지금의 네팔 티라우라코트)을 중심으로 살고 있던 샤카족의 작은 나라 왕자로 태어난 고타마 싯다르타[65]는 호화로운 청소년 시절을 보낸

65) Siddhārtha Gautama, 팔리어: Siddhattha Gotama, 한역: 悉達多 喬達摩로 "고타마"는 성이며, "싯다르타"는 이름이다.

다. 하지만 어느 때 동쪽의 성문을 나와 노인[老]을 만나고, 남쪽의 성문을 나와 병자[病]를 만나며, 서쪽 문을 나와 죽은 자[死]를 만나 비애(悲哀)에 잠긴다. 생(生)·노(老)·병(病)·사(死)와 같은 삶의 가장 근원적인 문제들이 그를 괴롭힌다. '인간 고뇌로부터의 해탈' 을 구할 수 없을까. 태자는 성의 북쪽 문을 나와 출가수행자를 만나 그의 숭고한 모습에 감동하여 출가를 결심한다. 그의 나이 29세였다.

출가 구도자가 된 고타마는 당시의 여러 훌륭한 수행자들로부터 배우며 깨달음을 얻으려 하지만 실패한다. 당시 수행자들의 가르침에 더 이상 기대할 바가 없다고 판단하고, 네란자라(Neranjara) 강 근처의 숲속에 들어가 자리를 잡는다. 맹렬한 고행 끝에 '깨달음'을 얻어 붓다(Buddha, 佛陀) 즉 '깨달은 자' [覺者]가 된다. 태자 나이 35세 때의 일이다. 깨달음을 얻는 것을 흔히 '성도(成道)' 라고 한다. '깨달음의 완성' 이란 뜻이다. 뒷날 붓다가 깨달음을 얻은 이곳을 붓다가야(Buddhagaya, 현재의 붓다가야)라 이름하였으며, 수행한 나무를 보리수(菩提樹)라고 부르게 된다.

○ 무엇을 깨달았는가

붓다는 깨달음의 내용을 듣는 자의 이해력에 따라 다른 방법으로 설명했다. 따라서 깨달음의 내용이 여러 가지 형태로 전해진다. 그러나

가장 근본적인 것은 연기사상(緣起思想)일 것이다. 이 세상의 모든 존재(法, Dharma)는 반드시 그것이 생겨날 원인[因]과 조건[緣]하에서 생겨난다는 것이다. 역으로 조건이 변하면 존재가 변하고, 조건이 없어지면 존재도 사라진다. 결국 독립된 존재는 없다. '나'라는 존재도 마찬가지다. '나'는 몸[色]과 대상을 만나면 느끼는 느낌[受]과, 만난 대상에 대한 과거의 지식이 떠오름[想]과 대상 때문에 생겨나는 욕구[行], 그리고 결과적으로 생성되는 마음[識]이 합쳐진 것일 뿐이다. 오온(五蘊)이다. 결국 '나'도 다섯 가지 조건으로 이루어진다고 붓다는 설명한다. 이 다섯 가지 조건은 항상 변한다. 나는 연기하여 존재하기 때문에 불변하는 나는 없다. '불변하는 나'가 있다고 생각하는 것은 어리석은 마음이고 그것은 괴로움을 만든다. 생로병사는 당연한 과정이다. '변하는 나'이기 때문이다.

저 밖의 세상도 변한다. 그 변화는 '나'가 원하는 방향으로만 되지는 않는다. '그렇게 되기를 원하는 것'과 '지금 세상에서 일어나고 있는 것'의 차이가 세상 밖이 나를 괴롭히는 이유이다. '그렇게 되기를 원하는 것'은 나의 욕구(慾求)이다. 욕구를 없애 지금 일어나고 있는 것'을 그냥 '일어나고 있는 그대로' 인식하고 받아들이면 괴로움이 사라진다.

욕구를 생성하는 것은 나의 잘못된 자아(自我)이다. 자아는 세상을 살면서 내가 스스로 만드는 '나임(I-ness)'이다. 갓 태어났을 때는 나의 것이 거의 없었다. 하지만 세상을 살면서 나의 것을 만들고 그것들은 점점 더 풍부해지고 강해진다. '나임' 즉 자아가 성장하고 강해지는 것이다. 그리고 그 '나임'은 세상을 있는 그대로 인식하지 아니하고 나의 관점에서 덧칠하고 왜곡하여 인식한다. '있는 그대로' 인식하지 못하고 '그렇게 되기'를 원한다. 덧칠과 왜곡은 마음오염원(Āsava)들이다. 그들은 대상을 '있는 그대로' 인식하지 못하게 방해한다.

괴로움을 소멸하기 위해서는 마음오염원들을 제거하여야 한다. 붓다는 사성제인 고집멸도의 도제에서 그 방법을 설하였다. 불교의 수행 가운데 하나인 팔정도(八正道)의 정념(正念 바르게 깨어 있기)이 바로 그것이다. 이는 위빠사나 명상의 핵심개념인 염(念)이다. 念은 초기불교에서 빠알리(pāli)어로 기술된 싸띠(sati)를 번역한 것으로 위빠사나 명상을 싸띠명상 혹은 마음챙김(mindfulness) 명상으로 번역된다. 싸띠명상은 의식경험(떠오르는 마음)을 의근을 활용하여 '알아차림'하는 것이다. 자신의 몸, 느낌, 마음, 법(身受心法; 사념처 四念處)을 관찰하되 있는 그대로 알아차림하고 그 알아차림(싸띠)을 강하게 집중하여(사마디) 마음오염원(집착과 싫어하는 마음, 덧칠과 왜곡)이 접근하지 못하게 하면 '있는 그대로' 볼 수 있는 능력이 커진다. 마음오염원 신경회로를 제거하는 방법이다. 신경회로는 적극적인 방법으로 제거할 수 없다. 유일한 방법은 사용하지 아니하는 것, 즉 수동적인 방법이다. 현재 현현하는 대상을 알아차림하고 거기에 집중하면 마음공간에 저장된 마음오염원에 끌려가지 않고(끄달리지 않고), 그러면 마음오염원 회로가 사라진다(제거된다). 붓다는 이것까지 간파하였다.

○ 3중뇌(triune brain)

괴로운 마음을 만드는 마음오염원은 三毒 貪(탐: 탐욕)·瞋(진: 분노)·痴(치: 어리석음)이다. 삼독은 마음을 오염시킨다. 이 3가지 독을 마음에서 해체하고 제거하여야 한다. 삼독을 다스리는 방법은 三學이다 - 계·정·혜(戒·定·慧). 탐욕은 계율(戒律)로, 분노는 선정(禪定)으로, 어리석음은 지혜(智慧)로 다스려야 한다.

三毒 가운데 제일 다스리기 어려운 것은 瞋(진, 분노)이다. 분노는 0.25초도 안 되는 짧은 시간에 이미 일어나 있기 때문이다. 우리의 뇌 깊숙한 곳에 분노의 뇌가 자리 잡고 있다. 진화의 측면에서 보면 먼 옛날 파충류들이 가지고 있던 뇌, 파충류뇌이다. 파충류뇌는 본능의 뇌이다. 침입자가 나타나면 화를 내어 물리쳐야 살아남을 것이다. 그렇다. 생명의 진화에서 화(분노)는 생존에 필수적인 요소였다. 하지만 현대를 사는 우리에게 있어서는 별로 필요 없게 되었는데 아직 강하게 남아 있다는 것이 문제이다.

화는 순식간에 치밀어 오른다('bottom-up'). 인간이 '아직' 가지고 있는 본능의 속성이기 때문에 어찌할 수 없는 과정이다. 다행히 인간은 치밀어 오르는 화를 '억누를 수 있는(top-down)' 이성의 뇌인 전전두엽(prefrontal cortex, PFC)을 가지고 있다. 선조들의 오랜 경험을 통한 지혜가 만든 '행동요령원칙' 신경회로가 여기에 저장되어 있다. 이를 잘 활용하여야 한다. 하지만 손쓸 겨를 없이 치밀어 오르는 화를 어떻게 할까. 저자의 할머님은 '화가 날 때는 냉수 한 그릇 마셔라' '하나, 둘, 셋,,,,,, 열까지 헤아려라'고 하셨다. 전전두엽의 행동요령원칙이 작동할 시간을 주라는 것이었다. 치밀어 오르는 화를 재빨리 감각할 수 있으면 어떨까? 그래도 화가 폭발할까? 올라오는 화를 알아차림 할 수 있으면 폭발하기 전에 다스릴 수 있을 것이다. 명상과 같은 뇌운동(neurobics)으로 전전두엽을 포함한 이성의 뇌를 발달시켜야 하는 이유이다. 우리의 뇌는 파충류뇌(화, 본능), 구포유류뇌(감정), 신포유류뇌(학습과 기억, 이성)의 3층으로 된 3중뇌이다.

○ 마음의 해부 - 초기불교의 심의식(心意識)

붓다는, 마음이라는 것은 어떤 대상을 인식할 때 생성된다고 보았다. 6경과 6근이 만나 6식(識)이 생긴다. 18계이다. 모든 마음은 18계에 존재한다. 변환장치(變換裝置 transducer)인 前五根은 色(light)·聲(sound, wave)·香(ordorant)·味(taste chemical)·觸(touch)의 물리적 에너지(physical energy)를 100 mV 전기(활동전위 action potential)로 바꾸어 뇌에 투사한다. 투사된 활동전위는 뇌활성을 일으킨다. 감각지(percept)이다. 감각지는 의근에 포섭되어 의식되고 그 결과는 기억으로 저장된다.

우리는 감각지를 삼독으로 물들여 저장한다. 삼독을 가미하여 감각을 인지하기 때문이다. 기억 저장들은 나의 생각이 덧칠해진 오염투성이다. 덧칠은 기본모드신경망(DMN)이 한다. 갓난아기 때에는 덧칠하지는 않는다. 왜냐하면 아기는 DMN이 매우 약하기 때문이다. 하지만 오염투성이로 가득 찬 나의 생각이 만들어지는 데는 그리 오래 걸리지 않는다. 엄마와 나의 구별도 못하는 상태로 태어났지만 '내 것과 내 것이 아닌 것'이 있음을 인식하고, 세상을 살아가면서 '나의 것'을 점점 더 쌓아간다.[66] '나의 것'들은 나의 자서전(autobiography)이 되고 성장하여 강력한 기본모드신경망이 된다. 그것은 세상을 덧칠하는 진한 물감이 된다. 제7식 말라식(末那識 manas)이다. 마나스는 자아의식과 이기심의 근원이 되고, 집착과 같은 근본 번뇌를 일으킨다. 뇌운동(neurobics)으로 마나스를 줄여야 한다. 싸띠수행은 마나스를 줄이는 과정이다.

불멸 후 부파불교의 논사들은 인식에 대하여 매우 깊게 파고들었다. 인식하고 있지 않을 때의 마음을 바왕가(Bhavanga-citta, 存在持續

66) Fair, DA et al. (2009) Functional Brain Networks Develop from a 'Local to Distributed' Organization. PLoS Computational Biology 5 (5): e1000381.

心)로 정의한다. 태어나서 죽을 때까지 생명의 강은 간단없이 흐른다. 내·외부환경에 반응하여 대응할 때도, 조용히 하릴없이 졸릴 때도, 잠들었을 때도, 꿈조차 꾸지 않는 깊은 수면상태에서도 생명의 연속(life continuum)은 지속된다.[67] 바왕가라는 생명의 강이 멈추는 것은 죽음을 의미한다. 소리나 빛과 같은 외부 자극에 반응하지 않을 때 뇌는 나 자신의 내면을 들여다본다. 나는 누구이며 어디에서 와서 어디로 가고 있는가, 마음은 끊임없이 나의 내면을 살핀다. 뇌의 기본모드신경망의 활동이다.[68] 이는 심지어 무의식 상태에서도 작동한다. 무의식 상태의 마음은 바왕가이기 때문에 기본모드신경망은 바왕가의 신경근거이다. 부파불교 학승들이 기본모드신경망이 있었음을 알았을 리 만무하다. 하지만 그러한 개념을 전개한 것은 놀라운 일이다.

○ 인식론 - 17찰나설

외부 자극이 있으면 바왕가는 적극적 인식활동에 자리를 양보한다. 논사들은 강한 감각정보를 인지하는데 17찰나[약 0.2초] 걸린다고 한다. 이 짧은 시간 동안에 뇌는 바왕가를 밀어내고 예비·변환 → 입력·

---

67) 김경래(2016). 동남아 테라와다의 정체성 확립과 바왕가(bhavaṅga) 개념의 전개 (1) - Nettipakaraṇa와 Milindapañha를 중심으로 - 불교학연구' 제48호(2016.09):257~282.
68) Raichle, M. E. (2010). The Brain's Dark Energy. Scientific American, 302(3), 44-49.

수용 → 검토· 결정 → 처리·저장단계를 거쳐 외부자극 대상에 대한 한 점의 인식을 끝낸다. 대상에 집중할 때 우리는 간단없이 계속 인식하는 것으로 생각한다. 하지만 논사들은 17찰나씩 걸리는 한 점의 인식을 반복한다고 한다. 어떻게 이런 생각을 하였을까?

갑자기 들려오는 소리와 같은 기대하지 않은 대상을 인지하는 시작은 두정덮개 - 뇌섬엽(FIC)에 있는 전두 - 두정신경망의 기능이다. 뇌활성 신호를 감지하는 기능이기 때문에 이는 곧 意根이라 할 수 있다. 소리를 들려주었을 때 머리 정수리에 나타나는 뇌파를 신호-연관 뇌파전위(Event-Related Potential)라 한다. 소위 '저게 뭐지 반응('what is it' response)이다.[69] 0.2-0.3초가 걸린다. 17찰나인가? 두정덮개 - 뇌섬엽에는 거대한 신경세포들이 있다. VEN(von Economo neuron) 신경세포들이다. VEN 신경세포가 뇌활성 신호를 감지하는 의근일까?

○ 유식학

초기불교와 달리 먼 훗날 유식학(唯識學) 學僧들은 心·意·識이 각기 다른 마음이라고 이해한다. 사물을 인식하는 것은 識이다. 이는 주

---

69) Rangel-Gomez M, Meeter M. (2013) Electrophysiological analysis of the role of novelty in the von Restorff effect. Brain Behavior 3(2):159-70.

로 감각피질의 기능이다. 생각하며 헤아리는 마음은 意다. 이는 기본모드신경망의 기능이다. 두루 일어나는 마음은 心이다. 心은 뇌 전체 신경회로의 기능이다. 唯識學僧들은 이러한 대뇌피질의 다양한 기능을 알았을까? 놀라울 따름이다.

만법유식·일체유심조(萬法唯識·一切唯心造). 마음뿐이라는 것이다. 모든 것은 내가 어떻게 받아들이느냐 하는 마음의 문제다. 그것은 인지심리학(認知心理學, cognitive psychology)이다. 불교의 유식학은 인식과정에 네 단계[4분설(四分說, four aspects of perception)]가 있다고 설명한다.[70] 견분(見分, subjective aspect)이 감각피질에 맺힌 상분(相分, objective aspect)을 본다. '견분이 상분을 보고 있음'을 자증분(自體分, self-witnessing aspect)이 본다. 그것을 증자증분(證自證分, re-witnessing aspect)이 본다.

아직도 意識(consciousness)에 대한 신경과학적 근거(neural correlates of consciousness, NCC)는 가설단계에 머문다. 에델만(Gerald M. Edelman)교수는 의식을 '기억된 현재(remembered present)'라고 설명했다. '견분이 상분을 보고 있음'은 현재이다. 그것을 자증분이 인식한다. 자증분이 현재를 기억하는 것이다. 이는 곧 의식이다. 부

70) 金領姬(1999), 唯識의 四分說에 관한 硏究. 東國大學校大學院 佛敎學科

파불교 학승들은 현재의 의식이 등무간연(等無間緣)으로 과거로 낙사(落謝)하면서 意根이 된다고 했다. 에델만의 '기억된 현재'는 현재의 의식이고 이는 등무간연이다. 의식이 어떻게 생성되는지에 대한 신경근거는 아직 논란거리이다. 뇌의 작동원리는 이제야 조금씩 밝혀지고 있다. 최근의 연구는 뇌가 적어도 11차원적 정보처리를 한다고 한다.[71] 켜켜이 쌓인 증자증분일까?

○ 싸띠수행과 마음공학

불교는 수행으로 깨달음을 실천하는 종교이다. 수행은 마음을 닦아 괴로움을 없애는 과정이다. 마음을 다스리려면 마음을 알아야 한다. 왜 괴로운 마음이 일어나는지를 분석해야 한다. 외부 세계는 인간이 마음대로 바꾸지 못한다. 이를 바꾸거나 얻으려고 하는 것은 대부분 실패하니 괴로움이 된다. 하지만 외부 세계가 만드는 나의 마음은 내가 주체적으로 만들고 또한 바꿀 수 있다. 붓다는 싸띠수행으로 나의 마음을 관리할 수 있다고 했다. 마음오염원을 제거하여 깨달음에 이르는 방법까지 일러주었다. 뇌신경회로의 생성기전과 소멸기전까지 꿰고 있었다는 말이다. 신경회로의 생성과 소멸은 연접의 연결과 분리이다. 연

71) Reimann MW et al. (2017) Cliques of Neurons Bound into Cavities Provide a Missing Link between Structure and Function. Front Comput Neurosci. 11:48.

접이 생성되고 소멸될 수 있는 성질 즉, 연접가소성(synaptic plasticity)을 다루는 인지신경과학(cognitive neuroscience)은 뇌과학의 영역이다.

의식한 것이든 의식하지 못한 것이든 삶의 모든 경험은 뇌에 흔적을 남긴다. 우리는 흘러가는 세월의 강의 한 점 한순간을 살고 있지만 경험한 모든 것은 뇌 속에 흔적을 남긴다. 뇌신경연접의 변화가능성인 연접가소성 현상 때문이다. 뇌신경망에 남은 흔적은 종자[種子·習氣]로 저장되어 저장식(貯藏識)이 된다. 種子 하나하나는 경험으로 물들어 있는 미시입자(synapse)들의 집합(neural assembly)이라 할 수 있고, 이러한 수많은 입자들이 유기적으로 통일되어 결합체를 이룬다. 뇌신경망이다. 작은 뇌신경망은 서로 연결되어 하나의 커다란 연결체(neural connectome)를 만든다. 내 마음의 밑그림이 되는 아뢰야식(阿賴耶識, ālaya-vijñāna)이다. 이 뇌지형도(topographical brain map)는 나의 마음 성향을 결정짓는다. 범부와 깨달은 자의 차이를 만드는 뇌 근거이다.

○ 갈등치유연구소와 '마음과 뇌' 강좌

필자는 경주에 위치한 동국대학교 의과대학에서 사람신경해부학, 사람조직학, 사람발생학을 가르치며 뇌신경세포(특히 흰쥐의 해마신경세포)의 발달과 연접(시냅스 synapse)의 구조, 그리고 이들과 연관된 학습과 기억, 신경성장인자, 퇴행성뇌질환(치매 등) 분야의 연구를 하고 있다. 그러면서 경주캠퍼스[갈등치유연구소]의 [마음과 뇌] 분과 운영위원으로서 불교·인문·행정·생체신호·정신의학 등 다양한 분야의 전공 교수님들과 인연을 맺었다.

[갈등치유연구소]는 행정학을 전공하시는 오영석 교수님이 설립하셨다. 우리는 경주지역의 원자력발전소와 사용후 핵연료 처리 문제라는 '뜨거운 감자'로 유발된 사회갈등문제를 공론화하고 갈등치유아카데미를 운영했다. 저자는 뇌과학적 측면에서 갈등을 이해하고 이를 해소하기 위한 방안을 제시하고자 했다. 이러한 융합연구의 경험은 갈등·화의 원인 및 마음과학에 대한 강좌 개설의 필요성을 대두시켰다. 불교학을 전공하는 이철헌 교수님과 공동강좌로 2013년 동국대학교 경주캠퍼스 교양학부인 파라미타칼리지에 [마음과 뇌 Mind&Brain]라는 교양강좌를 시작했다. 불교와 뇌과학의 마음 부분을 합친 융합 강좌이다. 이철헌 교수님이 불교이론을 강의하시면 필자는 그 내용을 뇌과학에 연결하여 설명하고자 했다. 아무도 시도하지 않은 힘든 일이지만 불교 종립대학인 동국대학교의 책임감과 자부심을 가지고 강의를 준비하는 데 최선을 다했다. 물론 불교의 측면에서 보면 매우 기초적인 교리이다. 하지만 五蘊과 六識은 초기불교의 핵심적 가르침임에는 틀림없다. 이러한 초기불교의 '기초적'이고 '단순한' 마음 부분도 뇌과학과

연결하는 과정은 쉽지 않았다. 세상에 유례가 없는 강좌이기에 불교 및 뇌과학 자료를 찾는데 많은 시간을 보냈다. 하지만 뇌과학 분야 연구 논문을 찾아 불교의 마음이론과 연결하는 과정은 매우 흥미로웠다.

## 감사의 글

원고를 흔쾌히 출판해 주신 '부처님의 말씀을 책으로 전하며 세상을 맑고 아름답게 만들기 위해 노력하는 도서출판 무량수' 주지오 대표님께 감사드립니다. 더하여 감사드려야 할 분들이 많습니다. 가장 먼저 감사드려야 할 분은 동국대학교 경주캠퍼스 파라미타칼리지의 이철헌 교수님이십니다. [마음과 뇌] 강좌를 함께 개설하고 강의하십니다. 필자의 불교적 지식은 이철헌 교수님의 강의내용에서 시작하였고, 필자에게 붓다의 마음을 소개하신 분이다. 파라미타칼리지의 불교전공 자목스님(장경화 교수님), 이필원 교수님, 심리학전공 정귀연 교수님, 그리고 이철헌 교수님께서 수차례의 모임을 거쳐 본인의 초기 원고를 꼼꼼히 읽으시고 불교 교리적 측면뿐 아니라 일반 독자의 관점에서 많은 부분을 수정하고 제언해 주셨다. 또한 김해 싸띠아라마의 붓다마노(우미숙)님이 교정을 하였습니다. 이분들의 공덕으로 책의 완성도가 크게 높아졌음을 알리며 두 손 모아 감사드립니다.

## [그림출처]

[예쁜꼬마선충의 신경계통] • 31
(위쪽)
https://en.wikipedia.org/wiki/Caenorhabditis_elegans#/media/File:Adult_Caenorhabditis_elegans.jpg
(아래쪽 형광사진)
Body of the worm Caenorhabditis elegans with the entire nervous system visualized using green fluorescent protein.
Credid: HANG UNG, JEAN-LOUIS BESSEREAU LABORATORY, FRANCE

[사람 뇌의 신경회로] • 33
(위 왼쪽 뇌해부그림 및 아래 왼쪽)
Fang-Cheng Yeh, Timothy D. Verstynen, Yibao Wang, Juan C. Fernández-Miranda, Wen-Yih Isaac Tseng - Yeh F-C, Verstynen TD, Wang Y, Fernández-Miranda JC, Tseng W-YI (2013) Deterministic Diffusion Fiber Tracking Improved by Quantitative Anisotropy. PLoS ONE 8(11): e80713. doi:10.1371/journal.pone.0080713 http://journals.plos.org/plosone/article?id=10.1371/journal.pone.0080713

File:Arcuate fasciculus dissection and tractography.png
(위 오른쪽 뇌전체 fiber)
https://en.wikipedia.org/wiki/White_matter#/media/File:3DSlicer-Kubicki-JPR2007-fig6.jpg

File:3DSlicer-KubickiJPR2007-fig6.jpg
(아래 둘째 arcuate fasciculus)
https://en.wikipedia.org/wiki/Arcuate_fasciculus#/media/File:Arcuate_Fasciculus.jpg

Yeh, F. C., Panesar, S., Fernandes, D., Meola, A., Yoshino, M., Fernandez-Miranda, J. C., ... & Verstynen, T. (2018). Population-averaged atlas of the macroscale human structural connectome and its network topology. NeuroImage, 178, 57-68. - http://brain.labsolver.org

File:Arcuate Fasciculus.jpg
(아래 셋째 아래전두후두다발)
https://en.wikipedia.org/wiki/Occipitofrontal_fasciculus#/media/File:Inferior_Fronto_Occipital_Fasciculus.jpg

eh, F. C., Panesar, S., Fernandes, D., Meola, A., Yoshino, M., Fernandez-Miranda, J. C., ... & Verstynen, T. (2018). Population-averaged atlas of the macroscale human structural connectome and its network topology. NeuroImage, 178, 57-68. - http://brain.labsolver.org/
File:Inferior Fronto Occipital Fasciculus.jpg

(아래 맨오른쪽 띠다발)
https://en.wikipedia.org/wiki/Cingulum_(brain)#/media/File:Cingulum.jpg
Tractography showing cingulum on a population-averaged template
Yeh, F. C., Panesar, S., Fernandes, D., Meola, A., Yoshino, M., Fernandez-Miranda, J. C., ... & Verstynen, T. (2018). Population-averaged atlas of the macroscale human structural connectome and its network topology. NeuroImage, 178, 57-68. - http://brain.labsolver.org/
File:Cingulum.jpg

[心의 유래] • 36
http://m.bulkyo21.com/news/articleView.html?idxno=28153

[히포크라테스(BC460)] • 37
https://en.wikipedia.org/wiki/Hippocrates#/media/File:Hippocrates.jpg

[데카르트가 주장한 송과선과 마음과 몸의 관계] • 41
(왼쪽)
https://en.wikipedia.org/wiki/Consciousness#/media/File:Descartes_mind_and_body.gif

(오른쪽 사진)
https://en.wikipedia.org/wiki/Ren%C3%A9_Descartes#/media/File:Frans_Hals_-_Portret_van_Ren%C3%A9_Descartes.jpg

[한쪽공간무시] • 44
https://psychology.stackexchange.com/questions/3197/what-does-hemispatial-neglect-vision-look-like
(오른쪽 뇌영상)
https://www.researchgate.net/figure/MRI-images-of-the-patients-brain-These-panels-show-damage-in-the-right-frontal_fig1_321450742
Front Hum Neurosci. 2013 Jul 31;7:432. doi: 10.3389/fnhum.2013.00432. eCollection 2013.
Early Visual Processing is Affected by Clinical Subtype in Patients with Unilateral Spatial Neglect: A Magnetoencephalography Study.
Mizuno K, Tsuji T, Rossetti Y, Pisella L, Ohde H, Liu M.

[Olds와 Milner의 실험] • 48
(왼쪽)
http://acces.ens-lyon.fr/acces/thematiques/neurosciences/actualisation-des-connaissances/circuit-de-la-recompense/contenus-et-figures-activites-pedagogiques/images-relatives-a-lactivite-pedagogique/experience-de-olds-milner-1954
https://thedeepdish.org/wireheading/
(오른쪽 사진)
https://trojantopher.wordpress.com/tag/peter-milner/

[쾌락회로와 쾌락중심] • 50
https://commons.wikimedia.org/wiki/Category:Human_brain#/media/File:Nucleus_accumbens.jpg
Attribution-ShareAlike 3.0 Unported (CC BY-SA 3.0)
(지금같이 수정)
Faria MA. Violence, mental illness, and the brain - A brief history of psychosurgery: Part 2 - From the limbic system and cingulotomy to deep brain

stimulation. Surg Neurol Int 01-Jun-2013;4:75.
(예)
Available from: http://surgicalneurologyint.com/surgicalint-articles/violence-mental-illness-and-the-brain-a-brief-history-of-psychosurgery-part-2-from-the-limbic-system-and-cingulotomy-to-deep-brain-stimulation/ 논문임

[유전자의 표현] • 56
ZUM학습백과 유전자와 염색체(http://study.zum.com/book/12698)

[연접의 구조와 연접전달] • 58
(왼쪽)
https://en.wikipedia.org/wiki/Synapse#/media/File:SynapseSchematic_lines.svg
(오른쪽 사진)
https://en.wikipedia.org/wiki/Postsynaptic_density#/media/File:Postsynaptic_density.jpg

[젖산분해효소(lactase)] • 63
(3차원 젖산분해효소의 구조)
https://en.wikipedia.org/wiki/SYN3#/media/File:Protein_SYN3_PDB_2p0a.png

[뇌신경회로의 차원] • 64
(위 그림)
https://en.wikipedia.org/wiki/Neuron#/media/File:Blausen_0657_MultipolarNeuron.png
(아래 왼쪽)
https://en.wikipedia.org/wiki/Neuron#/media/File:Smi32neuron.jpg
(아래 오른쪽)
https://en.wikipedia.org/wiki/Dimension#/media/File:Dimension_levels.svg

[신경회로와 마음·운동의 관계] • 68
(오른쪽)
https://commons.wikimedia.org/wiki/Category:Human_brain#/media/File:PSM_V35_D761_Direction_of_some_of_the_fibers_of_the_cerebrum.jpg

[흰개미 둔덕] • 71
(왼쪽)
https://ko.wikipedia.org/wiki/%ED%9D%B0%EA%B0%9C%EB%AF%B8#/media/%ED%8C%8C%EC%9D%BC:RayNorris_termite_cathedral_mounds.jpg
(가운데)
https://ko.wikipedia.org/wiki/%ED%9D%B0%EA%B0%9C%EB%AF%B8#/media/%ED%8C%8C%EC%9D%BC:Termite_Magnetic_DSC03613.jpg
(오른쪽)
https://ko.wikipedia.org/wiki/%ED%9D%B0%EA%B0%9C%EB%AF%B8#/med

[흰개미 둔덕의 내부구조] • 71
https://www.ust.ac.kr/cop/bbs/BBSMSTR_000000000491/selectBoardArticle.do;jsessionid=HXlv5YDgYMy4BATYsPh7OSzH5Qj9ZdJGN1eYmFV7mOw-SUa110kmyWg0b4JLeLGzN.WWWPWAS01_servlet_engine1?nttId=15040&pageIndex=6&searchCnd=&searchWrd=
국가연구소대학(UST) 자료

[나침반흰개미의 둔덕] • 74
(왼쪽 사진)
(오른쪽 그림)https://compasstermites-explained.weebly.com/compass-termites.html

[편도체, 둘레계통과 감정] • 100
https://en.wikipedia.org/wiki/Limbic_system#/media/File:Blausen_0614_LimbicSystem.png

[정보구조와 정보의미] • 102
https://nl.wikipedia.org/wiki/Baan_(zenuwstelsel)#/media/Bestand:Neural_pathway_diagram.svg

[색경에 대한 상온] • 110
(왼쪽 뇌)
https://commons.wikimedia.org/wiki/Category:Optic_radiation#/media/File:Optic_Radiation.jpg
(오른쪽 모식도)
https://nl.wikipedia.org/wiki/Baan_(zenuwstelsel)#/media/Bestand:Neural_pathway_diagram.svg

[행동을 위한 준비뇌파전위(readiness potential)] • 118
Haggard P (2008)[72]에서 수정함.

[행온의 뇌활성] • 121
(위 그래프)
Roskies, A. "How Does Neuroscience Affect Our Conception of Volition?" Annual Review of Neuroscience (2010), 33: 109-130.
(아래 뇌그림)
Haggard P. Nat Rev Neurosci. 2008 Dec;9(12):934-46. doi: 10.1038/nrn2497. Human volition: towards a neuroscience of will.

[Alfred Yarbus가 고안한 눈동자 추적장치] • 154
http://magazine.art21.org/2013/01/07/tracking-the-gaze/#.XWSeOeMzaUl
(원본)
Yarbus, Alfred. Eye Movements and Vision. Plenum Press, New York, 1967.

[시선추적의 예] • 154
(왼쪽 원본그림)
https://commons.wikimedia.org/wiki/File:Ilya_Repin_Unexpected_visitors.jpg
This work is in the public domain in its country of origin and other countries

72) Haggard P. Human volition: towards a neuroscience of will. Nat Rev Neurosci. 2008 9(12):934-46.

and areas where the copyright term is the author's life plus 80 years or less.
(오른쪽 합성사진)
http://magazine.art21.org/2013/01/07/tracking-the-gaze/yarbus-free-scanning-color-500/

['아내와 장모(wife and mother-in-law)'] • 156
https://en.wikipedia.org/wiki/My_Wife_and_My_Mother-in-Law#/media/File:My_Wife_and_My_Mother-in-Law.jpg

[망막과 광수용체포] • 160
(왼쪽 그림)
https://en.wikipedia.org/wiki/Photoreceptor_cell#/media/File:Photoreceptor_cell.jpg
(오른쪽 그림)
https://en.wikipedia.org/wiki/Retina#/media/File:Retina-diagram.svg

[막대세포의 명암감지] • 161
https://en.wikipedia.org/wiki/Photoreceptor_cell#/media/File:1415_Retinal_Isomers.jpg

[시각신호전달] • 164
https://commons.wikimedia.org/wiki/Category:Optic_radiation#/media/File:Optic_Radiation.jpg
https://nl.wikipedia.org/wiki/Baan_(zenuwstelsel)#/media/Bestand:Neural_pathway_diagram.svg

['무엇'과 '어디' 시각신호전달] • 166
https://en.wikipedia.org/wiki/Visual_perception#/media/File:Ventral-dorsal_streams.svg

[망막의 명암감지 수용야(receptive field)] • 168
https://en.wikipedia.org/wiki/Photoreceptor_cell#/media/File:Photoreceptor_cell.jpg

[고양이 1차 시각피질의 방향원주] • 170
https://medium.com/@michellewshu/what-machine-learning-borrowed-from-vision-science-469a20779b7a

[청각 신호전달] • 173
(위 왼쪽)
https://en.wikipedia.org/wiki/Auditory_cortex#/media/File:Human_temporal_lobe_areas.png
(위 오른쪽)
https://en.wikipedia.org/wiki/Auditory_cortex#/media/File:Brain_Surface_Gyri.SVG
(아래 왼쪽 코크리아)
https://en.wikipedia.org/wiki/Cochlea#/media/File:Gray920.png
(아래 오른쪽)
https://en.wikipedia.org/wiki/Transverse_temporal_gyrus#/media/File:Human_brain_view_on_transverse_temporal_and_insular_gyri_description.JPG
CC BY 2.5

[원숭이올빼미] • 176
(왼쪽)
https://en.wikipedia.org/wiki/Barn_owl#/media/File:Tyto_alba_-British_Wildlife_Centre,_Surrey,_England-8a_(1).jpg
(오른쪽)
https://en.wikipedia.org/wiki/Barn_owl#/media/File:BARN_OWL_FLIGHT.jpg

[속귀의 구조] • 178
(왼쪽)
https://en.wikipedia.org/wiki/Inner_ear#/media/File:Blausen_0329_EarAnatomy_InternalEar.png
(오른쪽 아래)
https://en.wikipedia.org/wiki/Basilar_membrane#/media/File:Gray928.png
(오른쪽 위)

https://en.wikipedia.org/wiki/Inner_ear#/media/File:Organ_of_corti.svg

(털세포)
https://en.wikipedia.org/wiki/Stereocilia_(inner_ear)#/media/File:Stereocilia_of_frog_inner_ear.01.jpg

[코르티기관의 바닥막] • 180
https://upload.wikimedia.org/wikipedia/commons/6/65/Uncoiled_cochlea_with_basilar_membrane.png

[후각망울의 후각토리] • 182
(왼쪽그림)
https://en.wikipedia.org/wiki/Olfactory_bulb#/media/File:Head_olfactory_nerve_-_olfactory_bulb_en.png
(가운데)
https://en.wikipedia.org/wiki/Olfactory_bulb#/media/File:Mouse_MOB_three_color.jpg
(오른쪽)
https://en.wikipedia.org/wiki/Olfactory_bulb#/media/File:Early_Olfactory_System.svg

[후각상피와 후각망울] • 183
(오른쪽 그림)
https://en.wikipedia.org/wiki/Olfactory_bulb#/media/File:Head_olfactory_nerve_-_olfactory_bulb_en.png
(왼쪽 모식도)
https://en.wikipedia.org/wiki/File:Olfactory_Sensory_Neurons_innervating_Olfactory_Glomeruli.jpg

[후각피질] • 186
https://en.wikipedia.org/wiki/Parahippocampal_gyrus#/media/File:Gehirn,_basal_-_beschriftet_lat.svg
(가운데)

https://en.wikipedia.org/wiki/Olfactory_tract#/media/File:Human_brainstem_anterior_view_2_description.JPG
(오른쪽 뇌영상)
https://en.wikipedia.org/wiki/Orbitofrontal_cortex#/media/File:MRI_of_orbitofrontal_cortex.jpg

[후각지형도의 발견] • 188
(아래사진)
(Axel)
https://en.wikipedia.org/wiki/Richard_Axel#/media/File:Richard_Axel.jpg
(Buck)
https://en.wikipedia.org/wiki/Linda_B._Buck#/media/File:LindaBuck_cropped_1.jpg

[혀의 맛봉오리] • 192
(왼쪽 그림)
https://en.wikipedia.org/wiki/Taste_bud#/media/File:1402_The_Tongue.jpg
(오른쪽 그림)
https://en.wikipedia.org/wiki/Taste#/media/File:Taste_bud.svg

[혀의 맛지도와 1차 미각피질] • 193
(왼쪽 그림)
https://en.wikipedia.org/wiki/Tongue_map#/media/File:Taste_buds.svg

[맛봉오리의 모식도] • 196
https://en.wikipedia.org/wiki/Taste#/media/File:Taste_bud.svg

[피부의 감각기관] • 198
(가운데)
https://en.wikipedia.org/wiki/Sensory_neuron#/media/File:Blausen_0809_Skin_TactileReceptors.png
(루피니)
https://en.wikipedia.org/wiki/Sensory_neuron#/media/File:Blausen_0807_Ski

n_RuffiniCorpuscle.png
(파치니)
https://en.wikipedia.org/wiki/Sensory_neuron#/media/File:Blausen_0804_Ski
n_LamellatedCorpuscle.png
(머켈)
https://en.wikipedia.org/wiki/Sensory_neuron#/media/File:Blausen_0805_Ski
n_MerkelCell.png
(털뿌리)
https://en.wikipedia.org/wiki/Sensory_neuron#/media/File:Blausen_0806_Ski
n_RootHairPlexus.png
(마이스너)
https://en.wikipedia.org/wiki/Sensory_neuron#/media/File:Blausen_0808_Ski
n_TactileCorpuscle.png
(자유종말)
https://en.wikipedia.org/wiki/Sensory_neuron#/media/File:Blausen_0803_Ski
n_FreeNerveEndings.png

[근육의 고유감각기] • 200
https://www.physio-pedia.com/File:GTO_vs_Ms_Spindle.png

[타원주머니 및 둥근주머니에 있는 평형반] • 203
https://commons.wikimedia.org/wiki/File:1409_Maculae_and_Equilibrium.jpg

[몸감각신호전달] • 204
(뇌)
https://en.wikipedia.org/wiki/Primary_somatosensory_cortex#/media/File:Ce
rebrum_lobes.svg
(감각피질)
https://en.wikipedia.org/wiki/Cortical_homunculus#/media/File:1421_Sen-
sory_Homunculus.jpg
https://en.wikipedia.org/wiki/Cortical_homunculus#/media/File:Front_of_Se
nsory_Homunculus.gif

# 오온과
# 전오식

1판 1쇄 2020년 9월 20일
1판 발행 2020년 9월 25일

지은이 동헌 문일수
펴낸이 주지오
펴낸곳 도서출판 무량수
부산광역시 부산진구 중앙대로 777
이비스앰배서더 부산시티센터 2층
전 화 051-255-5675
홈페이지 www.무량수.com
출판신고번호 제9-110호

값 20,000원

ISBN 978-89-91341-58-6